# 云南干热河谷区(宾川)葡萄优质栽培技术

刘凤弼　王丽萍　铁余斌　主编

中国农业大学出版社
·北京·

## 内 容 简 介

本书主要是针对云南金沙江干热河谷区和类似葡萄产区的一些气候特点、土壤、地形地貌等各种因素，从葡萄园地的选择、建园到生产管理、施肥措施、病虫鸟害防治等栽培技术各个操作环节进行了系统介绍，以当地生产实践的图片直观地展示了建园、定植、幼树管理、挂果树管理、土肥水管理、病虫害防治等关键技术，并用附件的形式提供单幅连棚降密提质促早熟栽培、水肥一体化灌溉系列建设规划、间套种栽培、错季(延迟)栽培及二茬果生产、克瑞森和阳光玫瑰的管理、农药的规范使用(混配顺序、田间施药注意事项、浓度计算方法)、石硫合剂和波尔多液的制备及使用等。本书是一本将实践经验总结提升汇集而成的葡萄种植工具书，希望能给各地的葡萄种植户朋友提供参考。

**图书在版编目(CIP)数据**

云南干热河谷区(宾川)葡萄优质栽培技术/刘凤弼，王丽萍，铁余斌主编. --北京：中国农业大学出版社，2022.10

ISBN 978-7-5655-2874-3

Ⅰ.①云… Ⅱ.①刘…②王…③铁… Ⅲ.①河谷-葡萄栽培-云南 Ⅳ.①S663.1

中国版本图书馆 CIP 数据核字(2022)第 178461 号

**书　名**　云南干热河谷区(宾川)葡萄优质栽培技术

**作　者**　刘凤弼　王丽萍　铁余斌　主编

**策划编辑**　梁爱荣　　**责任编辑**　梁爱荣　刘彦龙

**封面设计**　郑　川

**出版发行**　中国农业大学出版社

**社　址**　北京市海淀区圆明园西路 2 号　　**邮政编码**　100193

**电　话**　发行部 010-62733489，1190　　读者服务部 010-62732336

编辑部 010-62732617，2618　　出　版　部 010-62733440

**网　址**　http://www.caupress.cn　　**E-mail**　cbsszs@cau.edu.cn

**经　销**　新华书店

**印　刷**　运河(唐山)印务有限公司

**版　次**　2022 年 10 月第 1 版　　2022 年 10 月第 1 次印刷

**规　格**　170 mm×228 mm　16 开本　12 印张　220 千字

**定　价**　99.00 元

**图书如有质量问题本社发行部负责调换**

# 编 委 会

**主　　编**　刘凤弼　王丽萍　铁余斌

**编写人员**　(按姓氏拼音排序)

季玥秀(北京璟泓生物科技有限公司)

刘凤弼(宾川县金牛镇农业服务中心农业组)

铁余斌(宾川县宏源农副产品产销专业合作社)

王丽萍　黄　彬(宾川远航植保科技有限责任公司)

王世平(上海交通大学)

闫　超(宾川县园艺站)

杨爱兵　王家祥(宾川县农业技术推广站)

张　磊(云南双翼水利科技有限公司)

张正斌　杨博礼(北京新禾丰农化有限公司)

赵海洋　李志强(全国葡萄病虫害防治协作网)

朱智鹏(宾川县科协技术协会)

# 前言

云南干热河谷区独特的气候条件非常适合葡萄生长，成就了该区葡萄优异的品质和绝佳的成熟期，使该区的葡萄在全国和世界都有着独特的地位和影响，被中国葡萄体系专家称作是高原特色的葡萄优势产区。近年来，该区葡萄种植面积常年稳定在 22 万亩以上，年产值超过 45 亿元，成为当地社会经济的重要支柱和群众发家致富的主要渠道。

云南干热河谷区从 1998 年开始大面积发展葡萄种植，经过 20 多年的生产实践和市场探索，葡萄品种不断推陈出新，先后发展过巨峰、红地球、无核白鸡心、维多利亚、克瑞森无核、优无核、火焰无核、红宝石、A17 等品种，近年来阳光玫瑰、尼娜皇后、深红无核正成为云南干热河谷区示范推广的主要品种。葡萄的架式经历了从高密度的单篱架、单篱双臂到低密度的“飞鸟架”与棚架的发展过程，目前“飞鸟架”的降密提质促早熟栽培正成为当地葡萄生产的主要架式；葡萄种植营养管理从大水漫灌逐步向水肥一体化方向发展；病虫鸟害防治逐步全面实现规范化防治；葡萄的生产设施不断改进，大棚栽培和单幅连棚设施栽培正逐步取代传统露天栽培，标准化生产水平得到很大提高。经过当地广大农业科技人员以及许多种植能手、种植企业的不断实践，在中国葡萄学会前会长修德仁研究员、晁无疾教授，北京新禾丰肖艳/季玥秀技术团队，上海交大王世平教授团队，华南农业大学张承林教授团队，特别是中国农业科学院王忠跃研究员团队和葡萄协作网雷志强技术团队的鼎力支持下，当地葡萄优质栽培技术得以不断发展，葡萄病虫鸟害防治、肥水一体化、花果管理、高温低温危害、着色差等诸多技术问题逐渐得到解决，为该区葡萄产业发展提供了坚强的技术保障。云南干热河谷区（宾川）葡萄优质栽培技术的形成主要是宾川县农业科技人员、宾川远航植保科技有限公司、宾川县宏源农副产品产销专业合作社、全国葡萄病虫害防治协作网雷志强技术团队、北京新禾丰农化资料有限公司技术团队共同努力的结果。云南干热河谷区（宾川）葡萄优质栽培技术的生产实践主要执行是宾川远航植保科技有限公司、宾川县宏源农副产品产销专业合作社的技术团队和生产基地，他们在葡萄优质栽培技术示范推广中起到了积极的作用。

为适应当地葡萄产业不断发展更新的形势，推广近期该区葡萄种植管理研究实践的最新成果，本书在学习南、北葡萄老产区种植经验的基础上，结合云南干热河谷区宾川县多年的葡萄生产实践，参考修德仁研究员的树相栽培理论、王忠跃研究员的葡萄健康栽培、晁无疾教授的红地球葡萄栽培技术等文献，编著了这部具有鲜明地方特点、较为完整且操作性很强的《云南干热河谷区（宾川）葡萄优质栽培技术》。全书分 6 章，对云南干热河谷区宾川的高原干热河谷环境条件下的葡萄栽培技术从概述到病虫鸟害防治进行论述，有针对性地提出了栽培中遇到的技术性问题与解决方法，在文字描述的同时，采用了大量的田间图片，以期更直接、更客观地加以展现和说明，方便学习和运用。此外本书还收集了部分种植案例，供读者参考和借鉴。

本书在编写过程中得到了很多人的大力支持和帮助：雷志强、杜飞、沈宏斌、李磊、杨继勃、尹俊、薛斌、揭应思、张利堂、宋建宏、吴明陈等同志提供了大量的图片，丁玉清、姚宝芬等专家提出了很好的审核意见，还得到宾川科协钟立祥、周建良的支持帮助，在此一并表示感谢！

由于编者业务水平有限，书中还有很多的不足，希望广大读者批评指正，真心希望该书能为云南干热河谷区的葡萄产业发展起到促进作用，为其他地区的葡萄种植起到参考借鉴作用。

编　者

2022 年 6 月

# 目 录

## 1 概述

## 2 建园

## 3 葡萄幼苗的定植与管理

## 4 挂果树的整形修剪与枝叶及花果管理

## 5 土肥水管理

## 6 病虫鸟害防治

# 1 概　述

## 1.1 气候特征及优势

云南金沙江干热河谷区是一个比较特殊的农作物生产地区，气候优势主要体现在温度适宜、光照时间长、昼夜温差大、雨热同季、降雨偏少、霜期短等，素有“天然温室”之称。以宾川为例，全年日照时数 2719.4 小时，≥10℃有效积温 5954.1℃，有记录的极端低温－6.4℃，最高温度 38.2℃，年平均气温 18.3℃(2021 年 20.8℃)，年平均昼夜温差 15.4℃，无霜期 294 天，年降雨量 559.4 毫米，主要集中在 7、8、9 三个月。云南干热河谷葡萄种植区主要包括宾川县、元谋县、永仁县、永胜县、鹤庆县，优质葡萄的主要栽培区地形以丘陵与缓坡地为主。图 1-1 为云南干热河谷区葡萄单幅连棚栽培示范及栽种的红地球、阳光玫瑰葡萄。

## 1.2 发展现状

### 1.2.1　品种结构及未来栽培品种规划

云南干热河谷葡萄种植 22.7 万亩(1 亩≈666.67 米$^2$)，宾川县 17.26 万亩，元谋县 2.82 万亩，永仁县 1.2 万亩，永胜县 1.05 万亩，鹤庆县 0.37 万亩。其中早熟品种 0.56 万亩，占总栽培面积的 2.5%，早熟品种有火焰无核、维多利亚、夏黑；中晚熟品种 22.14 万亩，占总栽培面积的 97.45%，主品种是红地球、克瑞森、阳光玫瑰。未来的主要栽培品种规划是：在红地球、克瑞森、阳光玫瑰的基础上，向多元化发展，逐步增加中国红玫瑰、深红无核、克瑞森芽变、妮娜皇后等红色品种种植面积，适当减少红地球种植面积。基本结构比例是红地球∶克瑞森∶阳光玫瑰∶其他品种＝8∶6∶4∶4。图 1-2 为部分葡萄品种。

金牛镇葡萄单幅连棚栽培示范

莱甸村葡萄种植示范

罗官村葡萄种植示范

红地球葡萄标准穗型

阳光玫瑰深沟高墒栽培

图 1-1　云南干热河谷区葡萄单幅连棚栽培示范及栽种的红地球、阳光玫瑰葡萄

红地球　克瑞森　蓝宝石

妮娜皇后　深红无核　阳光玫瑰

**图 1-2　部分葡萄品种**

### 1.2.2　主要栽培模式与发展方向

主要栽培模式为篱架和“飞鸟架”。篱架栽培模式占 55%，基本是 2012 年前建设的老葡萄园；“飞鸟架”栽培模式占 44%，是现在主要推广的栽培模式；平棚架栽培模式刚刚起步，在部分品种上适宜。棚室栽培占比 30%，主要是单幅连棚，发展了少量标准大棚；喷、滴灌及肥水一体化覆盖率达到 96%以上。全区仍然以单幅连棚“飞鸟架”栽培模式为主要推广模式，冷凉地区逐步增加标准棚的建设。主推“飞鸟架”栽培模式，逐步淘汰篱架栽培模式。图 1-3 为几种栽培架型。

“飞鸟架”栽培模式

“V形架”栽培模式

单篱架栽培

单篱－双臂栽培模式

**图 1-3 几种栽培架型**

### 1.2.3 葡萄间套种的模式

云南干热河谷区葡萄的主要生产季节是 2—8 月。9 月到翌年的 1 月这 5 个月又刚好是葱、蒜等蔬菜生产的最佳时间。多年的探索与实践证明，葡萄套种大蒜、香葱、贡菜、花菜、无筋豆、青菜、马铃薯等蔬菜具有良好的互补性(图 1-4)。间套种不仅明显提高收入，还能在一定程度上改良土壤，提升耕地利用率和可持续生产的能力。

葡萄－大蒜套种

葡萄－贡菜套种

葡萄－青菜套种

葡萄－马铃薯套种

葡萄－花菜（青花菜、洋花菜等）套种

葡萄－无筋豆套种

**图 1-4　葡萄与蔬菜套种**

### 1.2.4　不同熟期生产模式的优缺点分析

1)正季生产

栽培时间安排在2—8月为正季生产，具有成本相对低、容易抓产量和提高质量的优势，也是葡萄的主要生产季节，缺点是成熟期雨多，集中上市销售压力大、市场波动大。

2)错季(延迟)栽培与二茬果生产

金沙江干热河谷区葡萄种植户主动放弃第一茬果的生产，养好苗在下半年组织生产的方式叫错季(延迟)栽培；而把第一茬收获后，适当养苗再组织二茬生产叫二茬果生产。严格意义上说，都是在下半年利用宾川坝霜期短(12月下旬至翌年2月上旬)、霜冻程度低的特殊气候条件进行葡萄生产。云南干热河谷区葡萄错季(延迟)栽培与二茬果生产安排在6—12月较适宜，优点是生产周期短、成本低，价格不高但平稳，缺点是前期雨季霜霉病易发生且难以控制，对棚的要求要高一些。栽培技术与相关要求与第一茬差异明显。宾川葡萄错季(延迟)栽培及二茬果生产详见附件5。

3)促早熟栽培

促早熟栽培时间是上一年的11月至当年的6月，葡萄上市价格相对较好，但是促早熟栽培成本高，前期防低温霜冻困难、风险大，对树体营养及栽培技术要求高。元谋、永胜、鹤庆的金沙江两岸霜期很短，个别年景无霜，是很好的早熟葡萄栽培区。宾川地区多年的实践证明，海拔1600米以下的逆温暖层区(1400～1600米的坝子沿山脚一线)可以进行促早熟栽培。主要分布区域：一是东山脚沿东大沟一线(以垂直高度计算沟下20米沟上50米)；二是西线以人民沟与定官沟为基础线，垂直高度沟上50米；三是引洱干渠、南大沟沟下40米区域；四是钟英皮厂、力角张家、大会、海良坝子的四周山脚往上50米一线。

4)反季节栽培

反季节栽培时间是上一年的10月至当年4月，以目前的实践研究看，需要高标准棚室设施，就目前的简易大棚与单幅连棚不建议进行反季节栽培。

## 1.3　面临的问题

### 1.3.1　葡萄促早熟栽培问题

云南干热河谷区是全国最大的早熟葡萄生产基地，适当促早能够趋利避害。一是能够抓早期市场，行情好，销售价相对较高；二是成熟期能够避开丰雨季节，利于减少烂果提高品质；三是中早熟品种可以两年三熟，明显增加收入；四是缓解用工矛盾。

促早栽培要注意：一是适当促早，12 月中旬后开始破眠，12 月 10 日以前破眠的，冻害、寒害持续时间长，成功率很低；二是树体秋季营养积累必须充沛；三是建设棚室设施；四是时间跨度长，生产成本相对高。主要生产流程详见附件 3。

### 1.3.2 葡萄园的杂草问题

对葡萄园杂草的处理存在较大分歧，多数人主张干净彻底地消灭杂草，另外一些人则主张生草栽培。经过不断宣传和进行生产实践探索，特别是阳光玫瑰葡萄需要湿度相对大一些，大家渐渐接受了生草栽培的理念。葡萄园生草栽培的好处包括：①草能够有效改良土壤，不仅能够增加土壤的有机质，还能够降解盐分，调节酸碱度，消化葡萄的富裕营养，优化土壤微生物群落，增加害虫天敌；②改善葡萄园中的生态小环境，明显改善温度与湿度；③草根还有生物犁的效果，草能够提高土壤抗涝、抗旱、防止水土流失等。但是在红色品种转色后要控制杂草，降低湿度。一些恶性杂草对葡萄树的正常生长会有影响。多年的观察表明，除草剂（2 甲·氟氯吡、2，4-D 丁酯、草甘膦等）余毒，包括误喷、漂移等，对葡萄正常生长影响更大（图 1-5），应杜绝使用除草剂，可使用控草布、防草膜、割草机等来控制杂草。

除草剂误喷危害　　除草剂危害　　除草剂漂移危害

图 1-5　除草剂余毒危害

2·甲氟氯吡余毒危害

2,4-D 丁酯余毒危害

草甘膦余毒危害

大蒜素危害

玉米除草剂余毒危害

激素反应

**续图 1-5**

除草方式：除草方式包括覆膜除草、人工除草等(图 1-6、图 1-7)。

**图 1-6　覆膜除草**

图 1-7　人工除草

### 1.3.3　葡萄园土壤问题与改良措施

宾川地区葡萄产业经过 20 多年的发展，种植区域逐步向丘陵山地发展，原来坝子中心葡萄种植老区面积在减少，究其原因主要是葡萄园土壤不同程度地受到破坏，土壤酸化、盐化，有益微生物种群与数量下降，有机质贫乏，矿质营养元素失衡。具体表现是葡萄生长不良、产量下降、提质困难，栽培上肥越用越多，病虫害逐年加重。宾川土壤由于受高山平坝交错地形与立体气候的影响，表现出多样性和复杂性。以纳溪河为界，东边以黄沙土、胶泥土为主，特点是容易板结；西边以红壤土、白土为主，特点是黏且显酸性；沿河以水稻土为主，大部分区域地下水位高，较冷湿，因此有“黏、酸、瘦、冷”的说法。葡萄园新建园与老葡萄园土壤改良措施不相同。新建园的土壤改良措施：一是工程改良，全园深翻 60～80 厘米，平整土地；二是亩施 30～50 米$^3$有机肥（农家肥、草炭土），增加土壤有机质以提高土壤肥力；三是黏土与白土用沙土或者风化石每亩 60 米$^3$掺混；四是沙石地铺 20～40 厘米的红壤土；五是建立农田排灌工程，调节地下水位，改善土壤水分状况，排除和防止沼泽化和盐碱化。老葡萄园的土壤改良措施：一是需要更新的老葡萄园可有计划地轮作换茬，最好种植水稻或者玉米进行轮换，轮作后按新建园标准重新种植；二是冬季深翻晒田，有利于土壤增温透气促根强树，减少病虫害；三是亩施腐熟的有机肥 2～3 吨，增加土壤有机质的含量；四是种植绿肥（或者放草）调节土壤盐分、酸碱度，增加有益微生物含量；五是科学施肥，确定合理的施肥量或施肥方式，采用配方施肥，注重微生物菌肥的配合使用，注意生理酸性肥料与生理碱性肥料的交替搭配，当土壤酸化严重时可以亩施熟石灰 80～120 千克迅速提高土壤 pH。

# 2 建　园

## 2.1 园地选择与规划

1)园地选择

气候条件上选择光照长、霜期短的区域;环境条件上选择生态条件良好,远离污染源的地方。灌溉水选择无污染的库塘水、自然溪水、洱海水,也可从金沙江提水作灌溉用水,杜绝使用城市、医院、工业污水灌溉。土壤宜选择疏松肥沃,有机质含量在1.5%以上,土层深厚,耕作层60厘米以上,质地良好,地下水位1米以下,无污染,pH 6.5~7.5的沙质壤土。

2)园地规划

首先绘制园区平面图或者地形图,准确丈量面积,根据地形进行分区。然后进行园区道路、办公场所、守护房、采果棚、仓库、工人宿舍等各个功能区的用地规划,总面积按5%的比例预留。小水塘位置要根据地形地貌和地质结构,选择易于建设又牢固的地方。水塘建设方量计算原则是:水源方便的葡萄园,每10天或半个月能补给一次水,则每亩30米$^3$,例如100亩的建3000米$^3$水池;水源不方便的葡萄园,每月或2个月才能补一次水的,每亩需配置100米$^3$,即100亩园区就需要建10000米$^3$的水塘。园区用地规划示意见图2-1。

3)给排水设计与建设

整个园区给水设计的同时要完善排水沟、渠设计,特殊地形与地下水位高的要先预设排浸沟,预埋排水暗道(图2-2)。

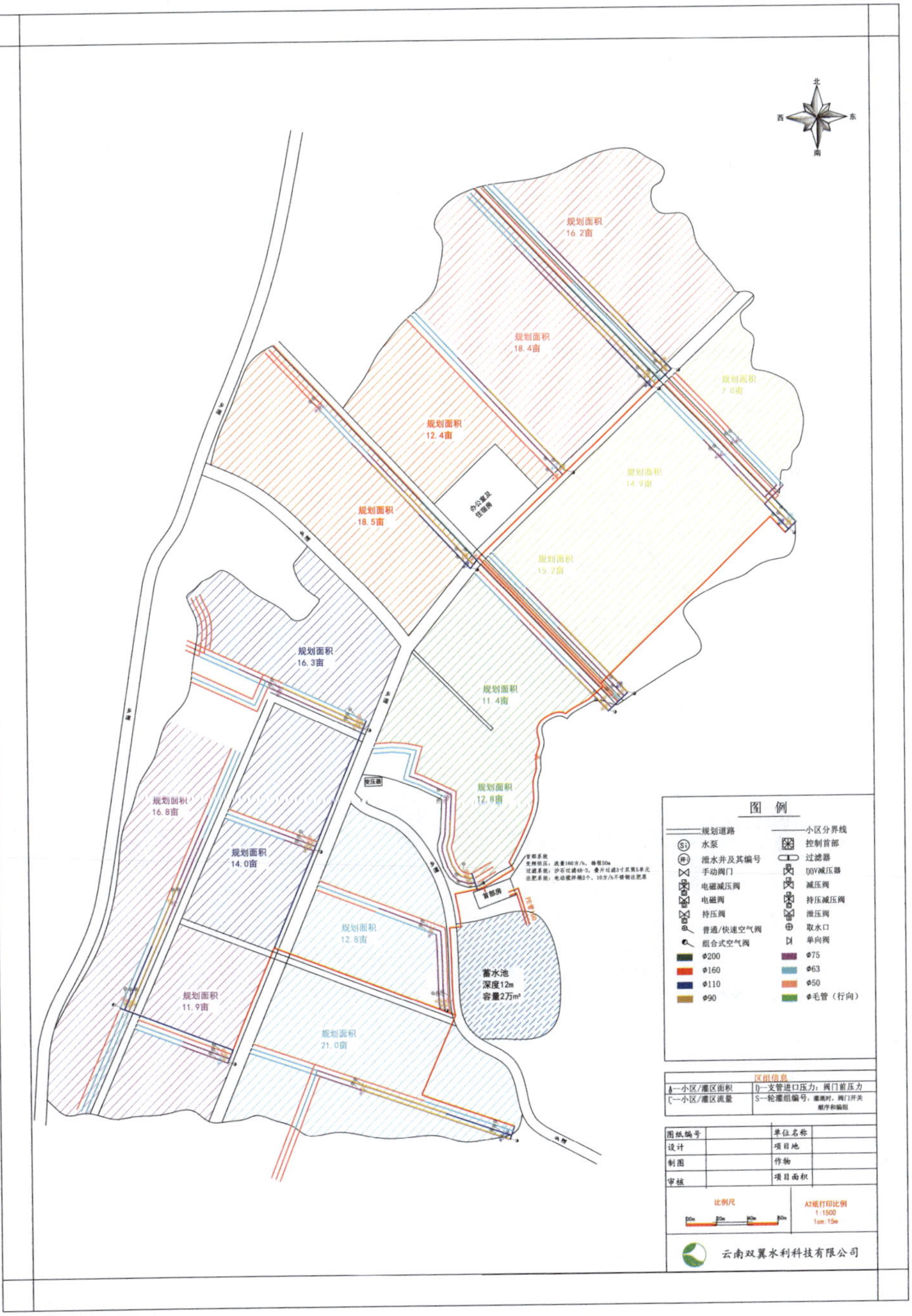


图 2-1 园地用地规划示意图

图 2-2　园地设计与建设场景

## 2.2 土壤整理与改良

1)平整土地

根据规划的地形分区，尽可能地进行消高填凹平整。平整的同时对特殊土壤进行客土改良，白土、黏土掺沙，纯沙土、风化石掺红壤土；或者全园用优质土壤全覆盖。平整后全园深翻 60 厘米(图 2-3)。

图 2-3　全园深翻整理土地

2)改良土壤与整理墒面

土壤改良标准要求土壤有机质含量在 3%以上。每亩施精制有机肥或者农家肥或者草炭土20～30 米$^3$，也可以采用腐熟的畜禽粪便 20～30 米$^3$，但必须与土充分拌合。施用方法有三种：一是放线开挖定植沟 40～60 厘米，进行沟槽式改良，把有机肥施入沟槽内拌合均匀；二是顺定植线放好用机械翻挖拌合均匀；三是有机肥 30 米$^3$以上的要求全园撒施后翻挖拌合均匀。土壤改良结束后整理墒面，先进行二次划线，按施用有机肥的线路划出中心线，用小挖机做 15～20 厘米高的墒子(图 2-4)。

放线

开定植沟槽

施有机肥

整墒

土肥拌合整墒

二次墒面放线

**图 2-4　改良土壤与整理墒面**

## 2.3 重茬问题与处理

新植葡萄一定要高度重视重茬问题(图 2-5),重茬的连作障碍是葡萄优质栽培的一大障碍。解决办法:一是轮作或者休耕 1～2 年;二是淹水 20～30 天后晒干;三是更换强势品种或者选用优势砧木。

图 2-5　重茬问题

## 2.4 架式选择与建造

采用“Y 形飞鸟架”设计，根据地形以行距 2.5～3.0 米顺坡纵向划线开墒并起垄 10～20 厘米，大于 20°的坡地可以不起垄。根据墒子的长度，每 40 米一段预留打药通道。采用 2.6～3.0 米水泥柱入土 50 厘米，5.0 米间距建立架，横梁高度 2.0～2.4 米，架面高度 1.5～1.8 米。

定干高度：第一台钢丝与地面高度要求 1.3～1.5 米，第二台钢丝与第一台间距 30 厘米，第三台钢丝与第二台间距 40～50 厘米，第四台钢丝与第三台间距 50 厘米，呈 Y 形分布(图 2-6)。

## 2.5 配套设施建设

### 2.5.1　棚体选择(单幅连棚、标准大棚)与建设

宾川地区主要推广的是单幅连棚栽培模式，也有一定面积的标准大棚栽培，标准大棚葡萄栽培建议主要在宾川 1800 米海拔以上布局，低热坝区暂时不建议规模发展。

葡萄单幅连棚栽培技术及单幅连棚建造方法见附件 1。

### 2.5.2　水肥一体化灌溉系统建设规划要点(参见附件 2)

1)水肥一体化概念

借助压力系统，将可溶性固体或液体肥料，根据土壤养分含量和作物的需肥规律和特点，配兑成一定比例的肥液，与灌溉水一起，通过灌溉系统将水肥均匀、按

平Y架

“飞鸟架”

葡萄连棚架

打点栽水泥柱－上葡萄架

**图 2-6　架式选择与建造**

时、按量地供给每株作物。同时根据不同品种、不同生长时期的需水、需肥特点，以及土壤环境和养分含量状况，设计高效、合理、经济的灌溉方案。

2)蓄水池选址

水池要建在无地质灾害的地方，结合电力情况，将灌溉蓄水池及灌溉泵房尽可能布置在园区中心、交通方便、便于管理的位置。

3)蓄水池样式

蓄水池可采用两种样式：①下挖土塘铺设防渗膜(图 2-7)；②采用组装式蓄水罐(图 2-8)。

图 2-7 下挖土塘铺设防渗膜

图 2-8 组装式蓄水罐

4）灌水器（滴头、喷头）选型

（1）滴头 根据灌溉深度（根系活动深度）、土壤情况，选取合适间距的滴灌带。一般建议滴头间距约等于灌溉深度即可，黏性土壤 30～40 厘米，沙性土壤 10～20 厘米；滴头流量一般 1.6～3.0 升/小时。水源水质好则滴头流量不宜过大，流量较大的滴头灌水速度容易超过土壤的入渗速度，导致地表积水产生径流，实际灌溉深度不足，会导致土壤板结及根系上浮。

（2）微喷 降温加湿宜采用高压力、小半径雾化型喷头，地面湿润补水宜选大半径旋转喷头，灌溉水肥宜根据湿润范围选取合适湿润形状且高均匀度的喷头。以喷头的喷洒半径作为喷头布置间距（喷洒无死角，均匀度最高）。不同行的喷头交叉布置，均匀度最高。

（3）阳光玫瑰葡萄园灌水器组合选型建议 4 条压力补偿滴带/水肥＋1 条常规微喷补水/降温，压力补偿滴带可以实现高均匀度的水肥供应，关键时期使用微喷补水加湿/降温加湿，长时间喷洒的同时可起到土壤盐分淋洗作用。

5）首部构架

（1）变频恒压系统—过滤系统（沙石过滤网式/叠片过滤器）

(2)施肥系统　①文丘里施肥器。需要损失主管较大的压力，针对小面积系统施肥，一般施肥流量 0.3～2 米$^3$/小时。②不锈钢注肥泵。不需要损失主管压力，不影响主管灌溉情况，可针对不同面积的系统施肥，流量 2～20 米$^3$/小时。③旁路式施肥机。可实现多种不能混合肥料的同时施肥，也可实现多种配方自动切换施肥，还可监测并调节注入主管后水肥的 EC 值、pH，一般每个通道流量 0.4～1.0 米$^3$/小时，施肥机造价较高，对肥料的溶水纯度要求较高。

(3)自控系统　①阀门远程开关；②编制的阀门运行程序手动运行（按照时间运行）；③编制的阀门运行程序定时自动运行（按照时间运行）。

6)滴灌系统分部重要度顺序

(1)水源、蓄水池　按照前面水量计算，尽可能多预留水量，没有充足的水源保证，再好的灌溉系统也是摆设。

(2)主支管道及相关附件　在科学的灌溉设计中，成本占比不高（20%～30%），但维修和改造成本极高，而且还要直接承受整个系统中最大的压力波动，直接决定了配套的首部变频系统的选型，一定要选用高质量的材料及配件。

(3)变频恒压供水系统　它是系统的心脏，供水是否充足且稳定，直接影响整个系统的运行效率和稳定性。

(4)注肥系统　按照农艺要求、日常用肥情况，配套系统稳定、操作方便、满足要求的施肥系统。施肥系统成本占比很低，但日常使用频率很高。施肥系统是否方便、高效，直接影响农事管理进度，同时还会影响灌溉系统运行情况。

田间压力调节阀门包括减压阀、泄压阀、组合空气阀。小区减压阀能够有效保护小区内毛管及灌水器运行安全，防止末端冲脱及破损，同时还可以调节小区入口统一压力，提高系统均匀度。泄压阀可以有效保护主管道运行安全，防止主管破损。组合空气阀能够在系统启动及运行时有效排出管道内空气，提高管道输水效率，同时在系统停止时快速吸入空气，保护主管和灌水器。

(5)过滤系统　根据水源情况配套合适的过滤系统，可以有效保护田间灌水器。若过滤系统不完善，田间再好的灌水器一旦发生堵塞即造成巨大的浪费，且灌溉均匀度降低。

(6)灌水器　尽可能根据设计选用高性能的灌水器，它是影响系统均匀度的基础因素，同时也是系统设计的基础。

(7)自控系统　在以上系统完善的基础上，再结合现场操作人员的系统操作水平，配套稳定可靠的自控系统（图 2-9）。控制系统应该是锦上添花的，不能成为画蛇添足的累赘，在基础系统配套不完善或人员操作水平不清楚的情况下盲目上自控系统，只会增加系统运行难度和不稳定性，反而容易导致系统运行瘫痪。

滴灌首部系统

滴灌片区自控系统

滴灌取水系统

滴带安放

**图 2-9　滴灌系统分部介绍**

7）自压式灌溉

宾川的滴灌建设很多是自压式灌溉系统或者适当助力的滴灌。自压式滴灌要求水池高于最高位滴头 2 米以上，确保自然压力完成滴灌给水。使用过程主要存在的问题是：肥水协同不够，均匀度差，“跑、冒、滴、漏”严重。葡萄生产过程中要高度重视水肥系统问题，宾川 20 亩种植面积以下的小户生产模式，要根据水源、土质充分考虑水池的大小、过滤器的流量、滴头的流量与间距、注肥器的功能、滴带长度等因素。特别提醒：一是主管要在控制面积的高段，始终保持滴带水流由高到低的方向，即滴带不扬头，水不跑上坡；二是主管与压力要匹配，确保滴带饱满，滴头滴水量一致；三是注肥时间能够控制在 20 分钟以内。

### 2.5.3 喷药机械与安装使用

葡萄病虫害防治是葡萄栽培的重要环节，与其他果树不同的是人为安排的叶幕，目前还得靠人力进行喷雾，所以机械的采用就非常重要。葡萄园采用的喷雾器主要有两种。一种是通用的 16 型背负式喷雾器，用于小苗和破眠等用水量少的时候。另一种要安装动力药泵，一般采用 2.5 千瓦或者 5.0 千瓦两种。20 亩以下的葡萄园采用 2.5 千瓦的，没有电的地方用汽油机或者柴油机作为动力。一台药泵配两根药管与喷枪，通常采用 D35 喷片。一定规模面积的园区要采用 5.0 千瓦的电机，用交流电电机，配 4 根管 4 个喷枪，在取水方便的地方安装 1～2 米$^3$的药池，从药池到各分区地块安装铝塑药管，统一兑药，分户使用。使用过程要遵循“清洗—兑药—头药喷空—喷雾—清洗”的使用程序。一季葡萄应该更换 1～2 次喷片。

### 2.5.4 守护房与采果棚配置

农户小面积种植没有必要单独建设守护房与采果棚，而一定规模的种植园区就要考虑规划守护房与采果棚。守护房一般 2 间或者 2 间半，50～60 米$^2$，刚好容纳 3 口之家，集中用工时还可以安排 4 个工人的住宿，守护房尽量采用零星空地，或者安排在进出园区的各个路口。还有一种规划就是，一个分区一个守护房，这个安排相对方便工人，但是水电路配套投资偏大。每个园区可以根据实际情况采用不同的布局。采果棚一般按园区总面积 0.5%～1%的面积设计，采用高 4 米的彩钢瓦棚，四周半封闭，配通风与照明设施，四边建设排水沟，车辆进出方便，地面要平整。规模比较大的种植公司，或者有多个园区，可以统一在合适地点建设分选厂与预冷库，采果后直接运输到厂里处理。

# 3 葡萄幼苗的定植与管理

根据多年的实践，不建议采用直插建园的方式，所以本书不介绍直插建园的内容。

## 3.1 种苗的选择与处理

### 3.1.1 常用砧木的特点

(1)夏黑砧木　萌芽相对比较早、萌芽整齐，叶片质量和果品成熟度相对比较好，抗寒抗旱性差。

(2)贝达砧木　抗寒性好，耐湿热，抗根癌能力中等，树势偏弱，容易出现弱苗僵苗现象，宾川地区促早栽培遇到寒流容易反休眠。有“小脚”现象。

(3)5BB 砧木　抗盐碱化，植株生长旺盛，生长势中等，根稍浅且细，稍有“小脚”。

(4)3309 砧木　长势相对比较强，不适于干旱、潮湿、排水不良的土壤。

(5)SO4 砧木　抗旱能力强，也耐湿。抗线虫和根癌能力强，根系抗寒力中等。属于生长势中等的砧木，嫁接品种稍有“小脚”现象。

(6)自根苗　能够充分体现本品种的特性。红地球、克瑞森等中、强长势的品种自根苗也非常好，但是对于重茬葡萄必须选用嫁接苗。实践发现，阳光玫瑰自根苗口感风味比较好，抗病性一般，前三年苗比较弱，之后，随着树龄增长稳定丰产。

### 3.1.2 种苗分级

种苗分级参考行业标准《葡萄苗木》(NY 469—2001)(表 3-1 和表 3-2)。

### 3.1.3 种苗保存及栽前处理

1)种苗保存

种苗(图 3-1)应该保存在阴凉潮湿的环境下，选取干净的河沙进行捂苗保存(图 3-2)。长期(半个月以上)保存种苗，要用河沙将种苗全部捂严，短期保存可只捂根系部分。苗捂好后充分浇水保湿，用双层遮阳网覆盖遮阳，保存期间适时补水，保证潮湿环境。

**表 3-1 自根苗质量标准**

| 项目 | | 等级 | | |
|---|---|---|---|---|
| | | 一级 | 二级 | 三级 |
| 品种纯度 | | ≥98% | | |
| 根系 | 侧根数量 | ≥5 | ≥4 | ≥4 |
| | 侧根粗度/厘米 | ≥0.3 | ≥0.2 | ≥0.2 |
| | 侧根长度/厘米 | ≥20 | ≥15 | ≤15 |
| | 侧根分布 | 均匀、舒展 | | |
| 枝干 | 成熟度 | 木质化 | | |
| | 枝干高度/厘米 | 20 | | |
| | 枝干粗度/厘米 | ≥0.8 | ≥0.6 | ≥0.5 |
| | 根皮与枝皮 | 无新损伤 | | |
| 芽眼数 | | ≥5 | | |
| 病虫危害情况 | | 无检疫对象 | | |

**表 3-2 嫁接苗质量标准**

| 项目 | | 等级 | | |
|---|---|---|---|---|
| | | 一级 | 二级 | 三级 |
| 品种与砧木纯度 | | ≥98% | | |
| 根系 | 侧根数量 | ≥5 | ≥4 | ≥4 |
| | 侧根粗度/厘米 | ≥0.3 | ≥0.2 | ≥0.2 |
| | 侧根长度/厘米 | ≥20 | ≥15 | ≤15 |
| | 侧根分布 | 均匀、舒展 | | |
| 枝干 | 成熟度 | 充分成熟 | | |
| | 接口高度/厘米 | 10～15 | | |
| | 枝干高度/厘米 | ≥30 | | |
| | 硬枝嫁接粗度/厘米 | ≥0.8 | ≥0.6 | ≥0.5 |
| | 绿枝嫁接粗度/厘米 | ≥0.6 | ≥0.5 | ≥0.4 |
| | 嫁接愈合程度 | 愈合良好 | | |
| 根皮与枝皮 | | 无新损伤 | | |
| 接穗品种芽眼数 | | ≥5 | ≥5 | ≥3 |
| 砧木萌蘖 | | 完全清除 | | |
| 病虫危害情况 | | 无检疫对象 | | |

来源：中华人民共和国农业标准《葡萄苗木》(NY 469—2001)

图 3-1　葡萄带根苗

图 3-2　沙存葡萄苗

2）栽前处理

移栽前应对苗木进行修苗、消毒、生根、分拣处理。

（1）修苗　移栽前要先对种苗进行修剪，从河沙中取出苗木，注意不要伤到根系与主干，修剪留侧根长度 5～8 厘米，主干留 2～3 个优质芽。遇到苗木受损、干瘪、芽不好情况时须剪至完好部分（图 3-3）。

图 3-3　修剪好的葡萄苗

（2）苗木浸泡消毒　修剪好的苗木需要完全放入多菌灵 300～500 倍液进行浸泡消毒（图 3-4）。浸泡时间 2 小时以上。注意苗木必须全部浸泡在药液中才能达到浸泡消毒杀菌效果。

（3）苗木蘸根处理　在浸泡结束后、移栽前，苗木需要用生根粉 300～500 倍液进行蘸根处理(图 3-5)。注意只需要根部蘸到药液即可,不要整捆苗木都蘸生根液。

图 3-4 浸泡消毒

图 3-5 蘸生根粉液

(4)移栽前苗木分拣 移栽前要对葡萄苗进行分拣,除去病苗和有问题的苗,把弱苗拣出来单独移栽在一起,便于后期单独管理。

## 3.2 定植

### 3.2.1 定植时期

宾川地区葡萄定植最佳时间是 12 月至翌年的 2 月。

### 3.2.2 挖穴、放穴肥

挖穴深度 15～20 厘米为宜,在移栽前可提前把穴挖好进行晒穴处理,注意必须晒到穴底干透,这能够提高葡萄苗成活率与长势。穴底整平后期移栽更方便。移栽前,每穴内放生物有机肥(注意要选择不烧苗的生物有机肥)0.5～1 千克作为穴肥,有增加根际附近土壤有机质、快速促进新根生长的作用(图 3-6)。

图 3-6 挖穴、放穴肥

### 3.2.3 栽苗

准备移栽的苗要注意遮光保存，不要在太阳下暴晒。栽苗前，把穴肥和土壤进行充分拌匀后再进行移栽。栽苗时要注意高矮平直(即苗的高度一致，并与葡萄桩在同一直线上)。把葡萄苗放入穴后，把根拉直，四周排开分布在穴底，覆土完成后轻提葡萄苗，保证根系舒展，然后轻踩土面。栽苗深度 10～15 厘米为宜，坡地不做墒直接移栽的要栽浅一点(图 3-7、图 3-8)。

图 3-7　定植

图 3-8　定植完成的葡萄苗

### 3.2.4 浇水

栽好的苗要及时浇透水，也可以用滴灌方式先滴水至湿而不粘手的状态栽苗，栽好苗后再滴透水。第一次水一定要浇透。注意滴灌带的摆放位置，滴灌带距离葡萄苗5～10厘米，也可先用管子给移栽苗浇水，然后再拉滴灌带(2～4 根)。当天栽的苗要当天浇水，否则影响成活率。

### 3.2.5 整理墒面

苗栽好以后需要再一次整平墒面。墒面整成中间稍微高、两边稍微低的形状为宜。

### 3.2.6 覆膜

移栽后及时覆膜可起到保持土壤水分、提高地温的作用。覆膜前检查葡萄墒面水分，把滴灌带摆放在离葡萄苗 10 厘米的位置，要能够正常滴水，并及时处理破损部分。建议选取白膜或者双色膜进行墒面两边覆盖，注意墒面中间葡萄苗主干与膜交接处要用土覆盖严实(图 3-9)。

图 3-9 覆膜

## 3.3 幼苗管理

幼苗管理主要工作见图 3-10。

### 3.3.1 移栽后土壤湿度调查

移栽后适时检查田间土壤湿度,做到“不落干分质不回水”,避免水分过重导致发根慢或者沤根苗黄现象。同时也要注意,土壤类型不同,保水性有差异,避免出现干水死苗现象。沙土、壤土、黏土第一次回水时间有差异。正常情况无阴雨天气,20～30 天回水。回水前看土壤湿度,土壤不分质(翻挖土自然散开)不回水。

### 3.3.2 水肥要求

回水时可加入微生物菌剂和纯生根类(腐殖酸、海藻酸、氨基酸)、不含化学肥料的生根类产品。在未出现卷须之前不施用化学肥料,长卷须后可见叶片数达 6～8 片及以上时可施肥,以生根类产品+高氮、通用型水溶肥为主,施用有机肥比较多或者重茬地块可增加施用微生物菌剂的次数,来促进有机物的分解,缓解重茬问题,降低 EC 值,促根壮苗。后期施肥时间根据田间土壤湿度来确定,需要补水时就可施肥,施肥间隔期 10～15 天。其间可适时补充中微量元素,掐尖后可施用磷肥促进花芽分化,葡萄长满整个架面并封顶后可施用磷、钾肥来促进树体老化。

定植35天的根系

幼苗根系调查

开沟

施肥

二次覆膜

放毛腿

**图 3-10　幼苗移栽、管理主要工作**

### 3.3.3 施壮苗肥

4—5 月葡萄生长到 0.6～1.2 米时，根系已经向外扩张至 30～50 厘米，原来的滴灌带位置已不能适应水肥供给要求，所以要重新布设滴灌带，并进行松土、除草、施肥，然后整墒并再一次覆膜。

(1)施肥方法　距离葡萄主干 30～50 厘米开 10～20 厘米深的沟，原则是见根不断根的位置，埋入有机肥、复合肥等。注意一系列田间操作要同步进行，不要让墒面长时间在太阳下暴晒，防止高温对新生根系造成伤害。只有 2 根滴灌带的要增加到 4 根，滴灌带整体往外移动，最外一根滴灌带移动到埋肥位置上方为宜。施肥结束后选择银灰膜重新覆盖，标准开墒选择 1.2 米膜两边覆盖为宜。

(2)施肥配方　亩施有机肥 3～5 吨(草炭土、农家肥、生物有机肥等)＋复合肥 50 千克(平衡型)＋缓释性镁肥 5～10 千克＋硼肥 500 克＋锌肥 500 克，若遇白色土壤(硅藻土)加缓释性铁 400 克，充分拌匀覆土。

### 3.3.4 树型选择

树型选择因品种而异。建议红地球采用侧面扇形架面，阳光玫瑰、妮娜皇后、克瑞森等采用“7”字形或者“一”字形架面。

### 3.3.5 枝、叶管理

小苗在其新发枝条长至 30 厘米以上时，逐步解除嫁接口薄膜。尽量扶直小苗主干，用 1 厘米粗竹竿直插在小苗旁边，将小苗枝条绑在竹竿上，保证小苗直立生长；主干注意留“毛腿”，即主干留副梢 4 片叶子摘心，保证有充足叶片量来制造养分，促进根系和主干生长。

红地球的“侧面扇形”架面，以 1.2 米高度定干，在定干高度处拉第一台铁线，在第一台铁线处摘心，下面留 2～4 个副梢，强树可以在 2～3 叶时二次摘心，留挂果枝 6～8 个；阳光玫瑰与克瑞森采用“7”字形与“一”字形架面，定干高度为 1.3～1.5 米。第一台铁线高度与定干高度一致，“7”字形架面，建议主枝长度超过第一台铁线的高度并且达到株距的高度时摘心，侧枝抽发 3～6 片叶以后再进行下放平绑(比如移栽的株距是 1 米，可等主枝超过第一台铁丝 1 米再进行平绑)。“一”字形架面，同样 2 根主蔓继续直立生长到株距高度，侧枝生长至 3～6 叶时，再放蔓平绑，平蔓时剪去重叠部分，作单主蔓设置。侧枝上架后摘心(图 3-11)。

第一批苗比第二批苗多留 2～4 枝，后面的弱苗少留枝，这样可保证挂果枝粗细一致，来年萌发整齐。副梢(水芽)统一留 1～2 叶；个别超强树留 2～3 个把门枝，冬季修剪去除。老园改造的葡萄园，在隔行挖出之后，同样以 1.2 米高度定干，用 1.2～1.5 米的花芽来进行挂果生产。冬剪预留芽量为设计穗数的 2 倍，冬剪母枝留

2～3 芽修剪，亩留 5000～6000 芽、2000～2500 个挂果母枝。

葡萄上架

平蔓前

平蔓后

幼苗生长状态

“7” 字形

**图 3-11 枝叶管理工作**

### 3.3.6 病虫害防治

在小苗管理时期注意防止蚜虫、蓟马、吊丝虫（小菜蛾）以及螨类为害，满架后注意对钻心虫的防治。病害主要对白粉病、霜霉病进行防治。

病虫害防治时期及措施见表 3-3。

**表 3-3　病虫害防治**

| 时期 | 措施 | 备注 |
| --- | --- | --- |
| 3～5 片叶时 | 甲基硫菌灵＋啶虫脒＋叶面肥 | 防治白粉病，多补充叶面肥，对于发芽后即遇到高温的，注意预防红、黄蜘蛛的发生 |
| 上次药后 7～10 天 | 吡唑·福美双＋烯啶吡蚜酮＋叶面肥 | |
| 上次药后10 天后 | 多抗霉素＋甲维盐＋螺螨酯＋叶面肥 | |
| 上次药后 7～10 天 | 吡唑·福美双＋戊菌唑＋叶面肥 | 此时期一般温度较高，防治白粉病的同时，注意对红黄蜘蛛的防治，同时需要交替防治蚜虫、蓟马等虫害。遇到有雨天气，注意防治霜霉病 |
| 上次药后7～10 天 | 多抗霉素＋腈菌唑＋联苯肼酯乙螨唑＋叶面肥 | |
| 上次药后 7～10 天 | 嘧菌酯＋己唑醇·乙醚酚＋氟啶虫酰胺＋叶面肥 | |
| 上次药后7～10 天 | 吡唑·福美双＋甲维盐＋戊菌唑 | |
| 上次药后 7～10 天 | 多抗霉素＋烯酰吗啉霜脲氰＋腈菌唑 | 6月以后，逐渐进入雨季，重点防治霜霉病。此时期鳞翅目害虫和钻心虫开始发生 |
| 上次药后 7～10 天 | 嘧菌酯＋苯醚甲环唑＋氯虫苯甲酰胺 | |
| 上次药后 10～15 天 | 吡唑·福美双＋己唑醇乙醚酚＋乙唑螨腈 | |
| 上次药后 10～15 天 | 氢氧化铜＋戊菌唑＋甲维盐 | 此时期葡萄基本满架，新梢嫩叶较少，抗病能力相对较强，防治间隔时间可以相对延长，施用药剂也可以多选择铜制剂等 |
| 上次药后 10～15 天 | 氢氧化铜＋腈菌唑＋氯虫苯甲酰胺 | |
| 上次药后 10～15 天 | 80％波尔多液＋乙唑螨腈 | |

# 4 挂果树的整形修剪与枝叶及花果管理

## 4.1 产品质量标准

3个常见葡萄品种的产品质量标准见表4-1。

表4-1 红地球、阳光玫瑰、克瑞森葡萄的产品质量标准

| 项目 | 指标 |
| --- | --- |
| 果　穗 | 典型且完整，红地球、克瑞森圆锥形，松散适度；阳光玫瑰圆柱形，紧实。穗长：16～20厘米。穗重：红地球1.0千克、阳光玫瑰0.8千克（±0.2千克），50～70粒；克瑞森0.7千克（±0.2千克），120～150粒 |
| 果　粒 | 发育良好，大小均匀，坚实有弹性，果面无污染，红地球、阳光玫瑰粒重15～18克，克瑞森6～7克 |
| 成熟度 | 充分成熟。可溶性固形物：红地球17%，阳光玫瑰18%，克瑞森20% |
| 色　泽 | 红地球深红，克瑞森鲜红，阳光玫瑰青绿或亮黄 |
| 风　味 | 红地球纯甜清香，克瑞森脆甜，阳光玫瑰香、甜、脆 |
| 缺陷果 | ≤5% |
| 农药残留 | 无公害和绿色食品级农药残留量在国家限制范围内；有机产品无农药残留，化学农药不得检出 |

## 4.2 标准化生产管理

### 4.2.1 葡萄产量控制与枝、叶群体数量的标准

1）宾川地区葡萄适宜产量

每个地方的产量水平由当地的温度、光照、土壤、昼夜温差、栽培管理等多个要素决定。根据宾川年日照时数2719.14小时、强紫外线、15.4℃的昼夜温差等气候特点，经过多年实践，基于能够保证相对优等质量的产量设计，可基本确定主栽品种的产量水平。但是不同品种，同一海拔气候的产量水平不同；同一品种，不同海

拔段的产量水平也有差异。一般低热区、早熟区亩产量，红地球 3 吨，克瑞森 2 吨，阳光玫瑰 2 吨；温凉区、晚熟区亩产量，红地球 3～4 吨，克瑞森2～2.5 吨，阳光玫瑰 2～2.5 吨。

2)枝、叶、果群体数量的标准与枝叶管理要求

每亩 2500～3000 枝，每枝 40～60 叶，1 枝 1 穗，红地球 60～80 粒/穗，克瑞森 120～150 粒/穗，阳光玫瑰 50～70 粒/穗；红地球 15～18 克/粒，克瑞森 6～7 克/粒，阳光玫瑰 15～18 克/粒。

不同架形的叶片分布："Y"形架式的枝条主梢留 15～17 叶，副梢留 3 叶，总叶片数保持在 60 片以上。篱架栽培时，红地球与克瑞森 40 叶/枝，主梢总叶节 12～14 个，穗位下不留副梢，穗位上 4 节长放副梢留 3～4 叶，以上副梢留 1 叶。阳光玫瑰 25 叶/枝，穗位上 4 节摘心，穗下不留副梢，穗位上 4 节副梢留 1～2 叶，顶上倒 2 节的副梢作为延长枝至顶，枝上的副梢同样留 1 叶。

### 4.2.2 葡萄"三带"整形

干高 1.2～1.5 米，"V"形上口宽 2.2～2.4 米，通风带 0～1.4 米，挂果带 1.2～1.5 米，生产带 1.5～1.8 米。

## 4.3 整形修剪

### 4.3.1 冬季修剪与促萌

(1)冬季修剪的时间　宾川葡萄冬季修剪时间一般在 11—12 月。由于立体气候的原因，冬季修剪无法统一在某一个时间段，所以可按照不同的生长季节来安排确定修剪时间。多年实践表明，破眠处理时间宜安排在葡萄园当地霜期结束前 20～30 天，在破眠处理前 20 天修剪。

(2)不同区域破眠时间安排　一是 1650 米海拔以下山脚一带轻霜区，如有棚 12 月中旬破眠，露地 12 月下旬至翌年 1 月上旬破眠；二是低热坝区中心地带，如有棚 12 月下旬至翌年 1 月上旬破眠，露地 1 月中旬破眠；三是海拔 1650～1800 米地区，如有棚 1 月上中旬破眠，露地 1 月中下旬破眠；四是海拔 1800 米以上地区，如有棚 2 月上旬破眠，露地 2 月中旬破眠。

(3)冬季修剪的方法(图 4-1)　预留芽量为设计穗数的 2 倍，冬剪母枝留 2～3 芽修剪，计划 2000～2500 个挂果母枝，亩留 5000～6000 芽。篱架栽培的采用长短结合修剪，芽头高度控制在离地 60～80 厘米较好，2～3 芽修剪与 4～5 芽修剪交错分布，也就是常说的扇形修剪方法；"飞鸟架"与平棚架采用短枝修剪，红地球

2～3 芽，克瑞森 2 芽，阳光玫瑰新园 2 芽修剪，老园可以 1 芽与 2 芽交错修剪。要求剪口距芽眼 1～2 厘米，剪口要平，叶柄与小枝梗修剪干净。提倡采用二次修剪方法，即以 2～3 芽为标准进行初剪，枝叶清理完毕后观察，确定留芽数后再进行复剪，这样效率高、质量好。

阳光玫瑰1芽与2芽交替修剪　　红地球侧面扇形修剪

阳光玫瑰冬剪　　克瑞森两芽修剪

**图 4-1　葡萄多种修剪方法**

(4)破眠促萌技术　宾川冬季低温期较短，难以满足葡萄冬芽自然休眠的低温需求(≤7.2℃时长达到 1000～1500 小时)。使用 50%单氰胺破眠，能有效促进休眠芽中脱落酸降解，促使葡萄萌芽早、发芽齐、芽粗壮。建议添加色素涂抹防遗漏。

低热坝区使用两次破眠法：枝条喷清水后涂抹 50%单氰胺 14 倍液，间隔 2～3 天再用 50%单氰胺 16 倍液喷芽一次，隔 2 天再清水喷湿枝芽一次(图 4-2)。

冷凉地区采用一次破眠法：枝条喷清水后涂抹 50%单氰胺 14 倍液或者 16 倍液喷芽，间隔 2～3 天再全园喷一次清水即可。施用破眠剂后 25～30 天，绒球期(图 4-3)要及时清园。

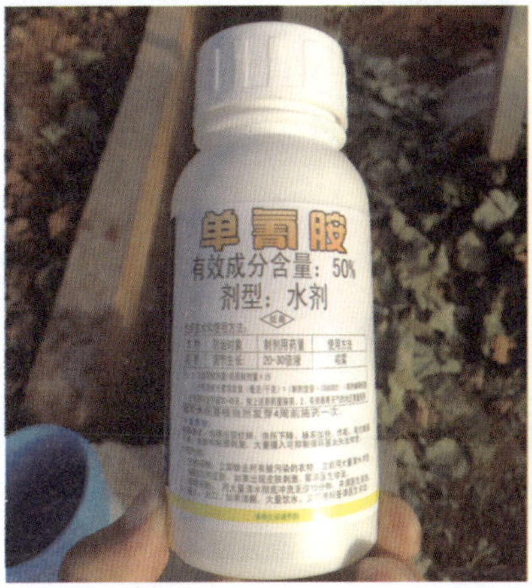


单氰胺（破眠剂）

单氰胺加色素涂抹

单氰胺涂抹破眠

单氰胺喷雾破眠

单氰胺处理与空白对照

**图 4-2　葡萄破眠促萌处理**

图 4-3　葡萄绒球期

### 4.3.2　夏剪整形(枝、叶与穗型管理)

1)枝、叶管理(留叶、摘心)

(1)早定枝、定穗、定叶　枝叶管理见图 4-4。

阳光玫瑰标准叶幕

副梢留4叶

副梢留叶状

图 4-4　葡萄枝、叶管理

(2)定枝、定穗　从选穗开始,每亩留 2500～3000 枝。第一次在 3 叶期(小穗展露)时抹除密、弱枝,选留 3500 枝;第二次留 2500～3000 枝。要求定枝要"早",即抽梢 20～30 厘米定枝结束,在上架时 15～20 厘米一个枝条的枝距准确定位定量,亩留 2000～2500 穗,一个枝条只留一个穗或 1.2～1.5 个枝条留一个穗(图 4-5)。

定枝

2～3叶期定枝

阳光玫瑰定枝时期

定枝后

**图 4-5　定枝处理**

(3)摘心　葡萄长势正常情况下,提倡穗上留 3～4 叶主枝摘心。当受气候、肥水等因素影响,花穗有退化迹象时,采取强摘心(穗位摘心),先保穗再长梢,如果树体本身生长困难则不摘心,先培养树体;葡萄梢生长中庸,穗健康壮实,可以在满架或者开花前摘心。阳光玫瑰之前即使摘过心,为确保坐果率,修穗后应再一次摘心(图 4-6)。

(4)定叶　红地球"Y"形架栽培的每枝留 40～60 叶,穗上下 4 个节留 4 叶,篱架栽培的每枝留 30～40 叶,穗位上 4～5 节每个副梢留 4～5 叶;克瑞森"Y"形架栽培的每枝留 30～40 叶,穗上 4 个节留 2 叶,穗下节位除去夏芽(水芽),其余节位副梢(水芽)留 1 叶,篱架栽培的每枝留 30 叶,穗位上副梢(水芽)留 1 叶。阳光玫瑰"Y"形架栽培的每枝留 30～40 叶,一般情况副梢可以不摘心,根据生长情况适时处理。

阳光玫瑰强摘心

强摘心状

克瑞森强摘心

摘心后7～10天

摘心后10～14天

**图 4-6　主枝(穗位)摘心**

2)修穗与整穗

(1)红地球花前修穗　在分穗期结束前进行。首先剪去副穗，再修理主穗，原则是主穗第一节与第二节间距超过 2 厘米，且第一侧穗长度超过 5 厘米，留 5 个侧穗，剪去多余的穗尖；主穗第一节与第二节间距为 1～2 厘米，且第一侧穗长度不到 5 厘米，留 6～8 个侧穗，剪去多余的穗尖；主穗第一与第二节间距小于 1 厘米时不修穗。

（2）红地球“5 子整穗” 谢花后 7～10 天坐稳果，即生理落果结束后再一次进行整穗，大穗的红地球采用“5 子整穗”技术，每穗留 5 个小侧穗，每个侧穗 3～5 台果，60～80 粒；其余 5 个以上侧穗，顺其自然留 60～80 粒，修剪掉外缘外伸果和穗子中心（内堂）的过密果。谢花后 10～15 天，定粒工作结束。幼果达到 0.8～1.0 厘米时，红地球穗形定形，此时及时进行穗形美化，即按“心”形进行调整（图 4-7）。

图 4-7 红地球“5 子整穗”与修穗

（3）克瑞森“梭形”整穗 在分穗期首先剪去副穗，谢花后 7～10 天坐稳果，即生理落果结束后进行整穗。大穗节间距超过 2 厘米时，修剪掉外缘外伸果或者内堂过密果，留果 150 粒；节间距小于 2 厘米时，采用“留 2 去 1”的方法修剪掉穗子中心过密侧穗，同样留果 150 粒左右。谢花后 10～15 天，幼果达到0.8～1.0 厘米时，按“梭形”整理。葡萄 3 个花期见图 4-8。

初花

满花　　谢花

**图 4-8　葡萄花期展示**

（4）阳光玫瑰修穗　在初花期修穗，当信使花出现时安排修穗，穗长 4～5 厘米，11～13 个小花絮，6～7 台果。

（5）阳光玫瑰留单层果　谢花后 1～3 天进行保果，保果后 10 天疏果，留单层果，穗长 16 厘米，50～70 粒。注意：一是修穗前摘心或者修穗后立即摘心；二是保果时如遇阴雨天气须提前到开完花（花帽裂开完）就保果；三是保果 3～4 天须认真观察，效果差就再保一次，穗轴节间长的不要添加赤霉酸，只用噻苯隆与氯吡脲，剂量与第一次相同。三种主要葡萄品种修穗过程如图 4-9 所示。

阳光玫瑰修穗前

阳光玫瑰修穗后

阳光玫瑰留穗5厘米

阳光玫瑰修穗标准

**图 4-9　修穗过程展示**

阳光玫瑰谢花4天标准穗

阳光玫瑰谢花7～10天疏果

阳光玫瑰梳果整穗时期

阳光玫瑰疏果前

阳光玫瑰疏果后

红地球幼果整穗时期

红地球定粒时期

红地球定粒标准60～80粒

克瑞森整穗时期

**续图 4-9**

## 4.4 膨果期处理方法

### 4.4.1 红地球

谢花后25～30天(幼果横径1.4～1.6厘米),用20%赤霉素($GA_3$)1克+3.6%苄氨·赤霉酸2克,兑水10千克第一次膨果,低热坝区8～10天后用20%赤霉素($GA_3$)1克,兑水10千克第二次膨果,温凉区可只进行一次膨果。注意:要从果的3个方向喷药,均匀到位,穗轴要喷湿,标准是每10千克药水喷600穗。为预防白粉病,膨果药水里要配20%戊菌唑1500倍液(一般10千克水配6毫升20%的戊菌唑)。

### 4.4.2 克瑞森

谢花后15～20天(幼果横径1.0厘米),用20%赤霉素($GA_3$)1克+3.6%苄氨·赤霉酸2克,兑水12千克膨果一次。注意:从果的3个方向喷雾药水,均匀到位,穗轴要喷湿,标准是每12千克药水喷700穗。为预防白粉病,膨果药水里可配戊菌唑1500倍液。

### 4.4.3 阳光玫瑰

花果处理要求:①无核化处理。开花前至初花,消籽剂(链霉素)1支+5毫升50%异菌脲5毫升+0.1%噻苯隆2.5～5毫升,兑水5千克浸穗。②保果。整个花穗谢花后1～3天,20%赤霉素($GA_3$)1克+3.6%苄氨·赤霉酸2克+0.1%噻苯隆15毫升+0.1%氯吡脲40毫升+50%异菌脲12毫升,兑水15千克浸穗。③膨果。保果处理后间隔16～20天,或者横径1.2～1.6厘米时,用20%赤霉素($GA_3$)1克+3.6%苄氨·赤霉酸2克+0.1%氯吡脲65毫升+20%戊菌唑6毫升,兑水10千克浸果。

注意事项:①浸穗时必须将花穗全部浸泡在药液里,并且停顿3秒。②花穗浸泡结束后用手指轻弹一下。③注意水质,特别是pH的调整,保持pH为6.6～7.0。

3个常见品种膨果期见图4-10。

### 4.4.4 葡萄膨果注意事项

葡萄膨果注意事项:①先施肥灌水,再进行膨果,加强肥水管理,进入雨季要及时清沟排水;②膨果时注意理穗,摘除挡穗叶片;③手提果把,严格程序,尽量手不碰果;④注意预防日灼和气灼。

红地球膨果期

红地球膨果期横径1.2～1.6厘米

克瑞森膨果期

克瑞森膨果期横径0.8～1.2厘米

阳光玫瑰膨果期

阳光玫瑰保果后14～18天膨果

**图 4-10　膨果期**

### 4.4.5　封穗期

葡萄膨果后生长迅速，果与果之间的缝隙逐渐缩小，成长为紧实的果穗，这个时期就叫封穗期（图 4-11）。这是清除果穗内部杂物和病菌的最佳时期，因此封穗前要认真防治病虫害一次。

**图 4-11　封穗期**

## 4.5 果实套袋

宾川地区种植的红地球、克瑞森等一般在硬核期(图 4-12)至转色期套袋(图 4-13),一般采用纸质柔软、防水、透气的白纸袋,纸袋选大一号,利于空气流通,可减少烂果。

红地球

阳光玫瑰

克瑞森

图 4-12 硬核期

宾川紫外线较强,容易产生日灼和气灼。果穗在叶片下面、阳光不能长时间照射的,直接套袋。果穗会被太阳长时间直射的易蒸袋就打成伞袋。套袋前要清除果穗中的杂物与缺陷果(裂果、病果等)。套袋时首先拉伸葡萄袋,打开上下口,上口捆扎时采用鱼鳞状包裹扎紧,达到不渗水,下口打开透气。注意太阳直射的果穗要先打伞袋,防止蒸袋。低热区有色品种用 35 克白色薄纸袋,阳光玫瑰用 45 克白纸袋;温凉区有色品种用 38～42 克防水袋,阳光玫瑰用 45 克防水白纸袋或者柔软的三色袋。

图 4-13 套袋

## 4.6 转色期增糖上色

转色后进行旺梢管控，控梢促果，适时检查袋里果实发育情况，注意高温影响。有少量果粒开始着色时，将袋的下边全部打开，使其充分着色。转色期（图 4-14）是营养由叶片向果实转移的关键时期，如果树体营养不足或者营养主要促进枝叶生长，则容易导致果实营养不足而产生干筋、软果、掉粒、溃疡等现象，所以必须进行土壤酸碱度调理并配套生根措施。高温条件下，有色品种容易出现上糖不上色的情况，因此在果面褪绿 50%时，可配合施肥根部滴施诱抗素 1 瓶（100 毫升）。葡萄可溶性固形物含量达到 12%～13%时就要及时跟进上色措施。

红地球

阳光玫瑰

克瑞森

**图 4-14　转色期**

促上色方法：一是检查 pH、EC 值与土壤水分，迅速跟进生物菌、碱性肥，调整土壤酸碱度与盐分，同时认真进行水分管理，确保土壤湿而不涝；二是采用偏钾配方，沟施或者穴施复合肥，也可以滴施长效肥料，保证葡萄树有充足的营养供应；三是对有色品种根据品种特性可以用氨基酸与 S 诱抗素调节颜色。

## 4.7 成熟上市

红地球色泽艳红、可溶性固形物含量达到 16%时，克瑞森色泽艳红、可溶性固形物达到 17%时，阳光玫瑰色泽青绿、穗底部可溶性固形物达到 16%时，即可开园采收上市(图 4-15)。采收后的管理包括松土、施肥、保叶等，这些也是秋季管理的核心。

红地球　　阳光玫瑰　　克瑞森

图 4-15　成熟期

# 5 土肥水管理

## 5.1 土壤管理的标准

葡萄园土壤必须每年翻耕2～3次，10—11月翻挖晒田，5月浅挖促根（小幼果期或者套袋后），8月（采果后）开沟施秋肥。采用生草、间套种绿肥作物或间套种其他矮秆植物的办法，推进田间生态小循环，实现可持续生产。老葡萄园更新根系的方法是在离树干50厘米处开沟，沟宽40厘米，深40厘米，每亩沟施精制有机肥1～2吨或者堆捂发酵的圈粪3～5吨。

## 5.2 水分需求及调控

不同葡萄产区的年灌水量受生态环境影响较大，宾川地区葡萄生理需水在300米$^3$/(亩·年)左右，滴灌550米$^3$/(亩·年)，常规灌溉1200米$^3$/(亩·年)。其他地区，如河北张家口酿酒果园的推荐灌水量为121米$^3$/(亩·年)（王探魁等，2011），云南干热河谷区特枯年份的灌水量为278米$^3$/(亩·年)（徐志芬等，2013），在吐鲁番地区无核白葡萄的周年生长发育需水仅为276米$^3$/(亩·年)（骆萌等，2017）。葡萄生产的周年灌水定额一般为419～932米$^3$/(亩·年)，传统灌溉条件下的周年灌水量甚至高达1000米$^3$/(亩·年)以上（伍国红等，2013）。

### 5.2.1 覆盖栽培

多年的实践经验表明，采用地膜覆盖栽培方法能够有效地减少地表蒸发，一定程度地抑制土壤盐渍化；膜下滴灌可节水省肥；生草覆盖可活土养根，调节田间湿度；覆盖山基土、农家肥、秸秆、绿肥、茅草等都能够提高土壤肥力，稳定土壤墒情，节水增效（图5-1）。

### 5.2.2 深沟高墒

葡萄是对水分管理要求比较高的作物，根系对氧气要求高于常规农作物。为了很好地协调土壤根系对水与气要求的矛盾，宾川地区推荐采用深沟高墒的方式，这有利于水与气的协调（图5-2）。

地膜覆盖

生草覆盖

秸秆覆盖

绿肥覆盖

**图 5-1　覆盖栽培管理**

**图 5-2　深沟高墒**

灌溉水的消耗主要有地下渗漏、地表蒸发和植株的生理用水(蒸腾为主)3 个途径。基本规律是:伴随春季新梢的快速生长,葡萄的单日吸水量从新梢生长期(即花前 30 天)至坐果期(花后 50 天)迅速上升;从膨大期Ⅰ(花后 14~47 天)至膨大期Ⅱ结束缓慢增加,在膨大期后期(花后 75 天)达到最大,单株平均为 18.06 升/

天。之后，因营养生长和果实发育趋于停止，水分吸收速率也从成熟期开始下降。而在膨大期Ⅰ，葡萄树一直保持着较高的水分吸收速率，且该时期时间跨度最大，因此水分吸收量为全年最高，平均为 75 米$^3$/亩。通常情况下，土壤持水量在 60%～80%时，葡萄根系生长良好；若超过 80%，土壤往往透气性不佳；低于 60%为轻度干旱，从这个点开始要考虑适当补水；若低于 35%，根系停止工作。图 5-3 为田间持水量为 70%左右的土壤状态。

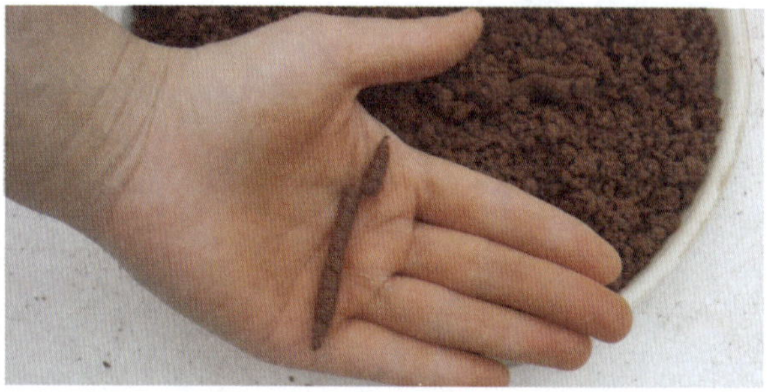

图 5-3 田间持水量 70%左右的土壤状态

### 5.2.3 不同时期用水量

葡萄的不同生长时期对水分的需求并不是一成不变的，所以在生产上，对水分的管理也需要区别对待，因地制宜。

（1）萌芽前 涂抹破眠剂（单氰胺）前浇透水（8～12 米$^3$/亩），之后观察土壤水分，干则浇，湿则等待，浇水不能过勤。特别是早春浇水过勤会降低地温，从而影响根系生长，造成黄苗和花穗退化。

（2）萌芽后—开花前 新梢和花序同时生长发育，12 月至翌年 2 月建议滴水量 2～4 米$^3$/（亩·次），随着气温陆续回升，3—4 月建议 4～8 米$^3$/亩次，此时控制土壤持水量在 50%～70%，此范围内随葡萄长势，滴水量增加。

（3）花期 控水但要保证土壤含水量，太干不利于坐果，太湿新梢生长过旺也不利于坐果。地表以下 10 厘米土壤，捏可以成团，松开就散为最好。此期宜浇小水。

（4）谢花后 7 天—膨果期 此时生理落果期基本结束，果已基本坐稳，浆果进入膨大期Ⅰ，细胞分裂最快，果实膨大进入快速阶段，需保证水分，建议将土壤持水量控制在 60%～80%，前一次施肥与后一次施肥之间每亩补水 3～5 米$^3$。

（5）硬核期 继续保持土壤湿润，土壤持水量控制在 60%～80%。

（6）转色期 此时适当控水，可减缓营养生长，有利于果实转色，土壤持水量应控制在50%～70%。

(7)采收后　适量浇水，此阶段既要恢复树势，也要防止因水分过多引起枝条抽发，建议土壤持水量控制在60%左右。

### 5.2.4 浇水要领

优先采用膜下滴灌技术，每亩寡沙地配合使用保水剂3～5千克与有机肥一起开沟施入。浇透促萌水，开花前适当控水，幼果期保持土壤湿润，转色期干干湿湿，雨季注意排涝。给水过多或者排水不畅会造成定植槽积水，容易引起沤根、烂根(图5-4)。

定植槽积水　根系受损　土壤表下里烂

土壤湿度过大　排水不畅

图 5-4　浇水不适宜情况

## 5.3 土壤肥力调查和葡萄需肥规律

### 5.3.1 宾川土壤肥力调查情况

对云南宾川县成年葡萄园土壤的取样调查显示，土壤酸化、土壤有机质含量低、土壤中磷钾含量严重超标是宾川土壤的三大现状（图 5-5）。

土壤酸化

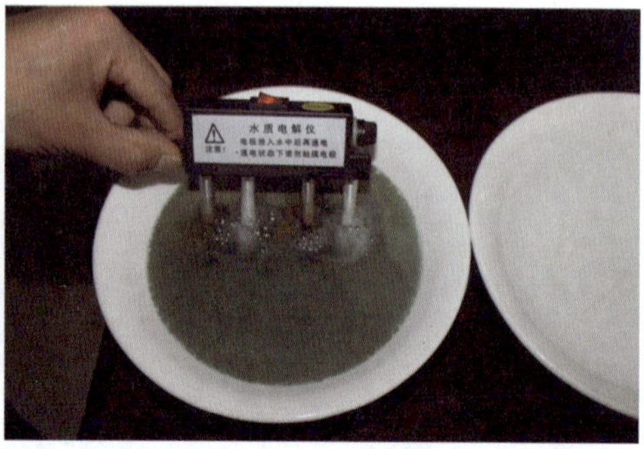


地表水普遍酸化

土壤盐渍化

土壤盐分高引起叶枯

**图 5-5　土壤肥力状况**

对金沙江干热河谷地区葡萄园土壤检测的结果（表 5-1）显示，pH 在最适合葡萄生长的范围即 6.0～7.5 的土壤占比为 46.83%，只有不到一半的土壤 pH 适合葡萄正常生长，土壤酸化日益加剧，这与长期施用过量酸性化学肥料有很密切的关系。当土壤酸化严重时，葡萄生长受到很大抑制。从土壤检测结果来看，虽然土壤中中微量元素（钙、镁、硼、锌、铁）含量丰富，但是土壤酸化严重会降低葡萄对中微量元素的吸收效率，元素的有效性降低。建议控制磷钾肥的用量，通过增施有机肥、土壤调理剂、微生物菌剂等方式进行土壤改良，活化土壤中磷钾再次供作物吸收利用，从而达到保护土壤、降低土壤中磷钾含量的效果。检测数据显示，土壤有效磷超过正常值（80 毫克/千克）的占 76.95%，有效钾超过正常值（250 毫克/千克）的占 86.10%。由此可知，磷、钾过高导致大面积出现结构性缺硼、钙、镁等元素。

**表 5-1 2019—2021 年金沙江干热河谷区葡萄园土壤检测数据分析统计表**

| 检测指标 | 土壤占比 | | | | |
|---|---|---|---|---|---|
| 土壤 pH | <4.0 | 4.0～5.0 | 5.0～6.0 | 6.0～7.5 | >7.5 |
| | 2.43% | 16.10% | 29.76% | 46.83% | 4.88% |

| 检测指标 | 土壤占比 | | |
|---|---|---|---|
| 土壤 EC 值/(mS/cm) | <0.5 | 0.5～1.5 | >1.5 |
| | 53.17% | 40% | 6.83% |
| 土壤有机质/% | <1.0 | 1.0～3.0 | >3.0 |
| | 50% | 25% | 25% |
| 有效氮/(mg/kg) | <80 | 80～120 | >120 |
| | 77.13% | 13.90% | 8.97% |
| 有效磷/(mg/kg) | <50 | 50～80 | >80 |
| | 20.58% | 2.47% | 76.95% |
| 有效钾/(mg/kg) | <200 | 200～250 | >250 |
| | 11.21% | 2.70% | 86.10% |
| 交换性钙/(摩尔/千克) | <2.0 | 2.0～2.5 | >2.5 |
| | 16.67% | 8.33% | 75% |
| 交换性镁/(摩尔/千克) | <0.4 | 0.4～0.8 | >0.8 |
| | 2.67% | 10.82% | 86.51% |
| 有效硼/(毫克/千克) | <1.0 | 1.0～1.5 | >1.5 |
| | 34.98% | 20.18% | 44.84% |
| 有效锌/(毫克/千克) | <1.0 | 1.0～3.0 | >3.0 |
| | 38.89% | 22.22% | 38.89% |
| 有效铁/(毫克/千克) | <10 | 10～20 | >20 |
| | 22.22% | 33.33% | 44.45% |

在葡萄种植实践中，要随时掌握土壤酸碱度（pH）与土壤离子浓度（EC 值）的变化情况，所以要求在幼果期、转色期、采果后进行 pH 与 EC 值的调查。pH 在 4 以下

较酸，5～6 是酸性土壤，6～7 比较好；EC 值正常在0.8～1.5，低于 0.8 就要考虑肥力不足，高于 1.5 就要注意盐害问题(图 5-6)。

EC值和pH的调查在10～20厘米土层进行

EC值低于0.8注意肥力不够

EC值在0.8～1.5较好

土壤pH低于5是较强酸性

土壤pH在5～6是酸性

土壤pH在6～6.5是弱酸性

**图 5-6　EC 值和 pH 的调查结果**

### 5.3.2　葡萄需肥规律

葡萄在各个生长时期对营养元素的需求均有不同，精确地对葡萄种植进行营养管理，建立在正确认知葡萄需肥规律之上。

图 5-7 为葡萄各生育时期主要矿质营养年吸收比例及吸收量(每亩峰后葡萄)；表 5-2 为生产 1000 千克果实时不同品种葡萄的养分需要量。

从图 5-7 和表 5-2 可知，葡萄在不同时期有如下需肥特点。

(1)储存营养　葡萄萌芽期的养分绝大部分来源于上一年的茎秆和根系等存储器官。因此，在葡萄的种植管理中，须加强采收后的树势恢复及营养储存，重视秋肥的施用。

(2)氮和磷的共性　葡萄在整个生长周期中，在需氮和磷的规律上具有一定的共性。另外，膨果期和采收后对氮和磷的需求占全年氮和磷需求的60%以上。

(3)钙、镁的需求　葡萄在整个生长周期中，钙、镁肥均参与其中，而目前大部分钙、镁肥的补充主要在膨果期，故此需要注意在抽梢及采收后的钙、镁补充。

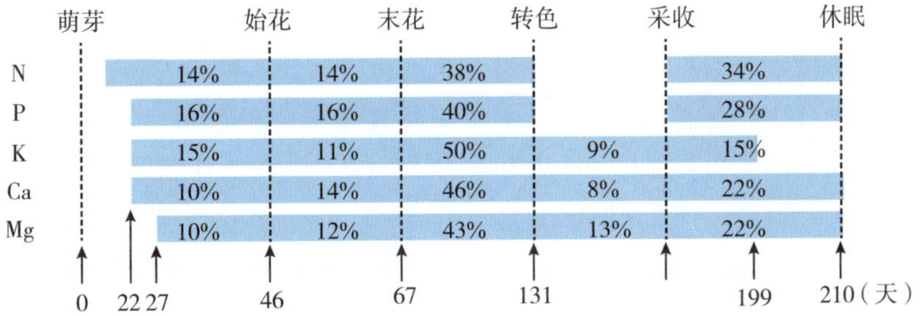


| 矿质元素 | 开花前 | 开花期 | 膨大期Ⅰ | 硬核期 | 膨大期Ⅱ | 转色期 | 成熟期 | 采收后 | 落叶期 | 总吸收量 |
|---|---|---|---|---|---|---|---|---|---|---|
| N/kg | 0.93 | 1.85 | 2.07 | 1.82 | 4.77 | 1.06 | 1.29 | 3.33 | 1.22 | 18.35 |
| P/kg | 0.09 | 0.19 | 0.28 | 0.12 | 0.30 | 0.10 | 0.19 | 0.31 | 0.19 | 1.76 |
| K/kg | 1.24 | 1.28 | 3.51 | 1.30 | 4.12 | 1.02 | 1.53 | 1.05 | 0.36 | 15.42 |
| Ca/kg | 1.02 | 2.32 | 2.22 | 1.86 | 6.40 | 2.88 | 3.33 | 6.63 | 2.74 | 29.40 |
| Mg/kg | 0.21 | 0.48 | 0.62 | 0.41 | 0.82 | 0.46 | 0.64 | 0.86 | 0.46 | 4.97 |
| 水/$m^3$ | 7.39 | 18.18 | 25.60 | 15.15 | 29.39 | 16.69 | 26.87 | 45.44 | 26.25 | 210.97 |

**图5-7　葡萄各生育时期主要矿质营养年吸收比例及肥水吸收量(每亩峰后葡萄)(Conradie,1981)**

**表5-2　生产1000千克果实时，不同品种葡萄的养分需要量**

| 品种 | 树龄/年 | N/千克 | $P_2O_5$/千克 | $K_2O$/千克 | $N:P_2O_5:K_2O$ |
|---|---|---|---|---|---|
| 红地球 | 7 | 4.05 | 1.84 | 7.8 | 1:0.32:1.37 |
| 巨峰 | 6 | 3.91 | 2.31 | 5.26 | 1:0.59:1.35 |
| 峰后 | 7 | 12.78 | 1.23 | 10.74 | 1:0.10:0.84 |
| 双优 | 12 | 8.44 | 12.76 | 13.13 | 1:0.39:1.15 |
| 赤霞珠 | 5 | 5.95 | 3.95 | 7.68 | 1:0.66:1.29 |

引自：刘爱玲，王世平.设施栽培葡萄生长发育与肥水吸收规律研究

## 5.4 水肥一体化技术应用

针对化肥使用过多的问题，可以通过全面实施秸秆还田、增施有机肥、进行间套种等措施，千方百计增加土壤有机质，提升耕地质量，减少化肥用量，确保土壤的持续生产能力，提升葡萄产品质量。按照水肥不分家的原则，围绕葡萄生长期，水

分调控基本遵循“前干中湿后控”的原则，即“破眠一次透水到开花适当干，幼果期保持湿润，上色后干湿交替到修剪，进入雨季注意排涝”。

水肥一体化是借助压力系统（或地形自然落差），按照土壤养分含量和作物种类的需肥规律和特点，将可溶性固体或液体肥料，配兑成肥液，与灌溉水一起，通过可控管道系统供水、供肥，使水肥相融后，通过管道和滴头滴灌，均匀、定时、定量侵润作物根系发育生长区域，使主要根系土壤始终保持疏松和适宜的含水量；同时，根据不同作物的需肥特点、土壤环境和养分含量状况，以及作物不同生长期需水、需肥规律情况，进行不同生育期的需求设计，把水分、养分定时定量、按比例直接提供给作物。

用滴灌系统进行灌溉时，若过量灌溉，可能会导致肥料流失且影响根系生长；若灌溉不足，则葡萄缺水，影响其生理活性。因此，在进行灌溉时，应按照如下步骤进行。

1）检测田间持水量，判断是否需要灌溉

在计划浇灌前，取田间深10～20厘米的土壤进行水分检测，将该深度的土壤抓起，捏能成团，拍即散，此状态即可浇水；若拍不散或拍成饼状，则说明水分过多，不宜浇水施肥（图5-8）。

拍即散　　拍不散　　拍成饼状

**图5-8　手测土壤水分**

2）精确计算灌溉水量

葡萄主要吸收肥料的根群一般在10～30厘米深，灌溉时通过时间控制，将水、肥的深度控制在30厘米以内的土层范围内即可，这样既可保证葡萄不缺水，也可以很好地防止肥料流失。表5-3为土壤质地、容重、萎蔫系数及有效含水量的关系。

表 5-3 土壤质地、容重、萎蔫系数及有效含水量的关系

| 土壤质地 | 容重/(克/厘米$^3$) | 田间持水量/% | 萎蔫系数/% | 有效水最大含量/% |
|---|---|---|---|---|
| 沙 土 | 1.45～1.60 | 12 | 3 | 9 |
| 沙壤土 | 1.40～1.55 | 18 | 5 | 13 |
| 壤 土 | 1.36～1.55 | 24 | 9 | 15 |
| 壤黏土 | 1.35～1.44 | 26 | 11 | 15 |
| 黏 土 | 1.32～1.40 | 30 | 15 | 15 |

考虑到，在葡萄种植的过程中，灌溉的区域一般占一亩地的 50%左右(因为沟心不需要灌溉，故去除)，灌溉深度达到 30 厘米即可，根据表 5-3 的数据及以下计算公式：

1 亩地实际最大灌溉量＝灌溉区域系数×667×10000×土壤深度(厘米)×容重(克/厘米$^3$)÷$10^6$×有效水最大含量

可以计算出不同土质的 1 亩地最大灌溉水范围在 11.5～21.5 米$^3$。土壤持水量在 50%时浇水，所以单次灌水量一般建议在 6～11 米$^3$。另外，肥水灌溉后会有自然沉降，故将肥料灌溉的深度尽量控制在 20 厘米(水分在 30 厘米深度)，因此最前面浇清水的时间控制在单次灌水总时间的 1/3。如单次浇水施肥总时间为 60 分钟，那么前面 20 分钟浇清水，接着 30 分钟浇肥水，最后洗管道 10 分钟。

### 5.4.1 平衡施肥

每亩秋施厩肥 3000～5000 千克或精制有机肥 2000 千克＋平衡型控释配方肥 40～80 千克＋大粒硼 600 克＋大粒锌 400 克。

萌发后每亩施 2 千克尿素＋1 千克高钙镁(N：P：K：Ca：Mg＝13：3：15：8：2)水溶肥，滴施提苗，开花前根据苗势滴施或者浇施平衡型(N：P：K＝20：20：20)水溶肥或者磷酸二氢钾 2 千克，谢花后施平衡型(N：P：K＝20：20：20)水溶肥 3 千克＋高钙镁(N：P：K：Ca：Mg＝13：3：15：8：2)水溶肥 1 千克。

幼果期(硬核期)施高钾型控释配方肥每亩 80～120 千克(图 5-9)。

转色期施高钾型水溶肥(N：P：K＝17：9：34)，每 7 天一次，共 3 次，每次每亩 3～5 千克。

其余根据苗情施用水溶肥，适时调节。

叶面补充：于采果后、三叶期、开花前及谢花后 4 次叶面喷硼肥，开花前、谢花后 2 次叶面喷锌肥，开花前 1 次叶面喷铁肥，幼果期到成熟叶面多次喷施钙肥、镁肥、磷酸二氢钾、氨基酸等叶面肥。

图 5-9　硬核期施肥

看叶果施肥：要达到树相平衡必须观察枝、叶、果的生长情况。当开花前出现节间过长、叶片大即长势旺的情况，应采取控肥水的方法调节；反之，长势弱时稍加强肥水的使用量，达到基础树相，即节间长 8～10 厘米、叶柄 8～10 厘米，叶片宽度，红地球、克瑞森 12～15 厘米，阳光玫瑰 25 厘米。

### 5.4.2　葡萄施肥计划

水肥一体化施肥时期与施肥量标准见表 5-4。

表 5-4　水肥一体化施肥时期与施肥量标准　　千克/亩

| 肥料类型 | 萌芽与花序生长期(55 天) | 生长期(60～70 天) | 成熟期(30 天) | 枝蔓老熟期 |
|---|---|---|---|---|
| 磷酸二氢钾＋尿素 | | — | — | (3＋2) |
| 精制有机肥 | | | | 2000 |
| 平衡型(20：20：20)＋TE | 6 | 5 | — | |
| 磷酸二氢钾 | 2 | 2 | — | |
| 高钾型(17：9：34)＋TE | — | 9 | 12 | |
| 高钙镁(13：3：15：8：2) | | 6 | 3 | |
| 硝酸铵钙 | 5 | 2 | | |
| 腐殖酸（黄腐酸、海藻酸）水溶肥 | 5 | 5 | | |
| 合计 | 18 | 29 | 15 | 2005 |

注：精制有机肥的主要原料是植物秸秆和泥炭(草煤)，经大理出入境检验检疫局检测，铅、铬、镉、砷等 8 种必检重金属含量远远低于无公害水果产地环境要求，在土壤一级标准以上，可以用于有机食品；TE 指肥料中螯合有中微量元素。

**附案例:纳溪河葡萄标准化生产施肥技术规范**

采取肥水协同方式,正常情况每次每亩用水 4～8 米$^3$,500～800 倍液,进入 4—6 月高温阶段逐步增加用水量,气温 35℃及以上时亩用水 15 米$^3$ 以上,一般 5～7天一次,并且根据土壤与田间作物表现,适当缩短周期,先水后肥,确保肥留在根系土层。

(1)破眠前一次水配尿素 3 千克或者高氮型水溶肥 3～5 千克＋腐殖酸肥料 3～5千克;

(2)涂抹单氰胺后 15～20 天(绒球期)微生物菌剂(荧光假单胞菌)5 升＋5%诱抗素 100 克＋尿素 3～5 千克;

(3)萌发后含氨基酸水溶肥 1 升＋高氮水溶肥 5 千克;

(4)2～3 叶期硝酸铵钙 5 千克或者含腐殖酸水溶肥料 5 升＋尿素 3 千克,调节提苗;

(5)穗长 7～10 厘米,根据长势酌情用纯氮调节树势,叶面喷施含 40%氨基酸水溶肥料 800 倍液＋尿素 500 倍液＋40%悬浮锌;

(6)开花前,磷酸二氢钾 2.5 千克＋尿素 3 千克;

(7)谢花后,平衡型水溶肥 3～4 千克＋8%钙肥 1 千克;

(8)7 天后,尿素 3 千克＋平衡型水溶肥 3～4 千克;

(9)7 天后,平衡型水溶肥 3～5 千克＋20%钙镁肥 1.8 升;

(10)7 天后,荧光假单胞菌肥 5 升加壮果肥(20:20:20)一次,根据情况,长势弱的加含腐殖酸水溶肥料 5 升,要求进行一次松土;

(11)膨果前平衡型肥 5 千克＋8%钙肥 1 千克;

(12)7 天后,平衡型肥 5 千克＋20%钙镁肥 1.8 升;

(13)7 天后,平衡型肥 5 千克＋多元微肥 100 克,pH 偏低的加施一次 12%硅肥 2 升,调整土壤 pH;

(14)7 天后,中钾肥 5 千克＋氨基酸 3～5 千克;

(15)48%碳酸钾 4～5 千克＋8%钙 1 千克;

(16)30%上色到成熟,中钾肥(17:9:34)5 千克＋含腐殖酸水溶肥料 5 升或者海藻加磷酸二氢钾 1.25 千克＋尿素 3～5 千克;

(17)7 天后,中钾肥(17:9:34)5 千克＋氨基酸水溶肥 3～5 千克;

(18)30%有机钾 5 千克＋8%钙 1 千克;

(19)7 天后,高钾肥(8:4:42)5 千克＋荧光假单胞菌肥 5 升;

(20)7 天后,中钾肥(17:9:34)5 千克;

(21)秋肥：有机肥 2 吨或者圈肥 3～5 吨或者草炭土 5～10 吨，配合平衡型控释肥 40～80 千克，颗粒硼 600 克、颗粒锌 400 克。方法是松土后在葡萄树主干 30～50 厘米处开 30～40 厘米深的沟施入(图 5-10)。

主干外30～50厘米开沟

开沟深度30～40厘米

开沟状态

施有机肥2～3吨

**图 5-10　秋施有机肥方法**

# 6 病虫鸟害防治

## 6.1 生理性病害及防治

### 6.1.1 日灼和气灼

日灼和气灼是以宾川坝为代表的金沙江干热河谷区第一大生理性病害。日灼与气灼往往同时发生，具有相似的发生条件。晒着的是日灼，晒不着的是气灼。

1）症状

日灼病是由于太阳的紫外线、强光线造成的灼伤，颜色先浅后深，先类似“开水烫”状的灰色，又类似于“火烧”状的黄色，随病情发展逐步变褐色（图 6-1）。

蓝宝石日灼　　红地球日灼　　克瑞森日灼

**图 6-1　日灼症状**

气灼病是水分生理病害，病斑颜色比较浅，类似于“开水烫”状的灰色（图6-2）。

日灼与气灼在幼果期、硬核期、转色前均可发生，但大多在幼果期至硬核期发生最为严重。首先表现为失水、凹陷、出现浅褐色小斑点，并迅速扩大为大面积病斑，整个过程基本上在 2 小时内完成。从病斑横切面看，病斑表皮以下有些像海绵的组织。病斑面积一般占果粒面积的 5%～30%，严重时，一个果实上会有 2～5 个病斑，从而导致整个果粒干枯。病斑开始为浅黄褐色，而后颜色略变深并逐渐形成疤痕（病斑多的果实，可致整个果粒干枯形成“干果”）。病斑的分布具有一定的随意性，一般在果粒的侧面，近果梗处和底部也有发生。在土壤湿度大（水浸泡一段时间后）又遇雨水后（在葡萄粒上有水珠）若突然高温，果面有水珠的部分，易在水珠底部出现气灼病。高温期间用药，极易在果粒下部的药滴处发生气灼病。气灼病没有病原物，没有传染性。

肥害型气灼　　槽根型气灼　　阳光玫瑰膨果过度型气灼

**图 6-2　气灼症状**

2）发病原因

葡萄气灼病，也叫缩果病，是与特殊气候条件有直接或间接关系的生理性病害。气灼病本质上属于“生理性水分失调症”的表现之一。宾川属于高原气候，强紫外线、高温和干热风共同形成了严重日灼与气灼的气候条件；高肥水栽培形成严重日灼与气灼的生理条件，特别是肥烧根的时候尤其严重；膨大剂等植物生长调节剂使用不合理会加重日灼与气灼；膨果时期过量施用硝态氮容易引起气灼严重发生。气灼病是红地球和阳光玫瑰葡萄常见病害，尤其是葡萄套袋后。在其他葡萄品种上，气灼病时有发生，但有些年份非常严重。对于套袋葡萄，套袋前的疏穗、疏果工作已完成，如果套袋后出现气灼病，损失更大。日灼果主要发生在膨果以后的高温气候下，目前该病在各个品种（克瑞森、红地球、阳光玫瑰等）上均有发生，属于当地葡萄常见的一种生理性病害。

3）日灼、气灼的预防

（1）改良架形　日灼果在单篱架形的地块中发生严重是因为阳光直射，所以改革架形，以叶遮果是预防日灼病的最佳方法，可“Y”形架、“飞鸟”架、平棚架种植，减少阳光直射果面。

（2）穗上副梢多留叶　在前期的定枝定叶过程中，串子（穗子）上面 3～4 个节位的副梢，可以留 1～3 片叶，具体要看枝条疏密程度。稀疏的地方，副梢叶甚至可以留到 4～5 片，最终只需要让架面达到零星透光、叶片不过度重叠即可。

（3）人工遮阳　单篱架或者叶幕不够密的地块，可在膨果后高温到来之前，在天沟顶部拉遮阳网，或者将每行枝条从第四挡线开始，分左右两边摆，以此来减少阳光直射果面。

(4)膨果阶段控制　在膨果药使用前与转色前调节土壤 pH 与 EC 值,使用微生物菌剂和促进根系生长的产品强壮根系,同时加强水分管理,调整肥料。在膨果药剂处理前后,尽量补充 1～2 次糖醇钙。日灼发生严重的地块,也可以适当减少氮肥使用,特别是硝态氮,每亩要减少到 3 千克以下,同时提高钾肥比例。

膨果药不要超量使用,处理时间尽量选择在上午 9—11 时或下午 4 时后,避免在高温时膨果。

4)发生规律分析与讨论

葡萄气灼病是特殊气候和栽培管理条件下表现的生理性病害,本质上属于“生理性水分失调症”。任何影响葡萄水分吸收、加大水分流失和蒸发的气候条件、田间操作,都会引起或加重气灼病的发生。高温、强紫外线、干热风、高肥水、过量的膨大剂等因素,以及连续阴雨后、天气转晴后的闷热天气,也较易发生气灼病;连续雨水,土壤含水量连续处于饱和状态,根系处于胁迫状态,吸水困难,天气转晴后出现的高温强光照,就会发生严重的日灼、气灼病。生产实践中,膨果后肥水过重也是引起严重气灼果的主要原因。因此,平衡施肥、松土促根、合理灌溉是预防气灼很好的措施。

葡萄地上部分和地下部分不协调,地上部分发达,相对应的地下根系不好(如持续性的大肥大水致枝梢徒长,根系不发达),也容易发生气灼病。上年受肥害的果园,因根系严重受伤而不发达,也易发生气灼病。偏施氮肥造成叶片过大过多,也易发生气灼病。相反,地下根系比地上部分发达(或地上的枝叶量与根系量协调一致),树体中庸,树势平衡,施肥科学,就不容易发生气灼病。

### 6.1.2　缺素症

#### 6.1.2.1　缺硼

宾川地区曾经大面积出现缺硼现象,近年有所好转,但个别区域严重影响生长和产量。

1)症状

葡萄缺硼症的主要表现是枝蔓节间变短,副梢生长弱且呈丛生状(丛枝病)。葡萄缺硼时首先在新梢表现症状,顶端的幼叶出现淡黄色小斑点并逐步呈半透明,卷须短粗肥大,有的嫩枝出现增粗环里面坏死,穗轴内有褐色坏死斑;老叶叶片明显变小、增厚、发脆、皱缩、向外弯曲,叶缘出现失绿黄斑,严重时叶缘焦灼,顶芽易枯死;在葡萄缺硼时常常出现花帽不脱落或花期落花严重,花序干缩,无籽小果增多,缺硼植株的根系分布较浅,甚至造成死根(图 6-3)。

缺硼造成无籽果

缺硼造成花帽不脱

缺硼使卷须肥大

缺硼造成丛枝

缺硼造成节间枯心环

缺硼造成枯心环、叶片半透明

**图 6-3　缺硼的各种症状**

2)原因分析

宾川地区砖红壤属于硼次缺乏区，种植油菜常常花而不实。生产上各种胁迫性缺硼的主要表现形式为缺乏有机质的瘠薄土壤、土壤干旱、pH 高达 7.5～8.5 的碱性土壤、土壤冷湿等。特别是红土在花期前后土壤过于干旱时更易加重缺硼症的发生。缺硼后容易引起钙、锌等中微量元素吸收困难。钙、磷、钾的过量使用也会导致硼不足。

3)预防和补救措施

改良土壤并加强管理，避免土壤过干过湿，增施有机肥料，适时灌水，平衡施肥避免偏施氮肥。结合秋施基肥施颗粒硼。在葡萄萌发后 2～3 叶期、开花前、谢花后、幼果期、转色期、采收后叶喷优质硼肥。

**6.1.2.2　缺镁**

宾川葡萄产区生长中后期普遍出现结构性严重缺镁，导致果面色差、软果、光合作用下降(图 6-4)。

图 6-4 缺镁的各种症状

1)症状

葡萄缺镁症多发生于葡萄生长中后期。症状从植株基部的老叶开始发生。最初老叶脉间褪绿成“V”形分布,继而叶脉间发展成带状黄化斑点,多从叶片的叶缘向内部发展,逐渐黄化,最后叶肉组织黄褐坏死,仅剩下叶脉仍保持绿色,出现清晰的网状脉络,甚至上部叶片呈水渍状,后形成较大的坏死斑块。缺镁的葡萄果实着色差且不匀、上糖慢。

2)原因分析

葡萄缺镁症主要是由于土壤板结、通透性差,导致土壤中可置换性镁不足引起;大量施用钾肥、石灰会影响葡萄对镁的吸收,造成拮抗性缺镁症;因为酸性土壤中镁较易流失,在夏季大雨过后,葡萄的缺镁现象会显著发生。另外,葡萄根系不好或负载量大也会造成缺镁的现象。

3)预防和补救措施

在出现缺镁症状的葡萄园,施秋肥与春肥时,可以把颗粒镁混入有机肥施用。在抽梢期和幼果期,叶面喷镁肥,生长季喷 3～4 次;根部滴施镁肥 2～4 次。进行平衡配方施肥,不要大量偏施磷、钾肥。宾川地区老葡萄园后期钾肥过量形成严重缺镁，缺镁严重的葡萄园应适量减少钾肥的施用量，来年一定要早补才能有效果。

**6.1.2.3 缺锌**

宾川地区需重点关注水稻土区域和种植过柑橘的葡萄园锌肥使用问题。

1）症状

葡萄缺锌时，枝条下部叶片常有斑纹或失绿花叶，顶部叶片狭小，枝条纤细，节间缩短失绿。有的葡萄品种表现为果穗松散，少籽或瘪籽，颗粒小，有大小粒的现象，严重影响葡萄的卖相（图 6-5）。

缺锌失绿造成花叶　　缺锌造成花叶　　缺锌形成大小粒

**图 6-5 缺锌的各种症状**

2）原因分析

在碱性土壤中，锌常常被固定而不易被植物吸收，从而造成葡萄缺锌；在沙质土中，由于雨水冲刷造成锌流失，土壤内含锌量降低引起缺锌；在贫瘠的山坡丘陵，葡萄园也容易发生缺锌症。不同品种葡萄对锌的敏感程度不同，如白玫瑰香、绯红等品种葡萄对锌敏感，易发生缺锌。宾川地区葡萄缺锌主要发生在水稻土上和柑橘园改造成的葡萄园中，种植玉米常常出现黄白相间的花纹可以帮助诊断。

3）预防和补救措施

改良土壤，增施腐熟有机肥；在葡萄施秋肥与春肥时，结合有机肥混施颗粒锌（注意：土壤直接施用硫酸锌的效果不明显）；剪口涂抹锌盐；在葡萄分穗期、幼果期、硬核期及采收后叶面喷施锌肥。

**6.1.2.4 缺钙**

宾川地区葡萄生产中普遍存在钙不足的现象。

1）症状

新梢嫩叶上形成褪绿斑，叶尖及叶缘向下卷曲，之后褪绿部分变成暗褐色，并形成枯斑。缺钙严重时，常造成新梢生长点坏死。果实缺钙时，浆果的硬度下降，果实糖分积累少，味淡，果粉少，不耐贮藏，裂果现象严重。宾川地区葡萄生育高峰（幼果期）连续阴雨3～5天，大部分老葡萄园就容易出现缩果症（皮下果肉坏死）、穗枯、梢尖生长点坏死等。葡萄缺钙容易造成裂果（图6-6）。

图6-6 缺钙的各种症状

2）原因分析

钙元素活动性差容易被固定；阴雨天水分蒸发慢，无蒸腾拉力钙上不去；土壤干旱胁迫葡萄对钙难以吸收；土壤酸度较高时，可使钙很快流失；如果氮、钾、镁较多，也容易发生缺钙症。

3）预防和补救措施

多施用有机肥可以降低土壤钙元素被固定，同时在捂秋肥时可以结合有机肥拌入适量过磷酸钙，在生长期可叶面喷施补充糖醇钙。此外，在葡萄抽梢期及膨果期进行根部补充，同时在高温天气保证充足水分供给。实践证明，钙需要少量多次补充，每周用螯合好的钙肥在幼果期配合其他肥施用，每亩每次0.5～1千克。

**6.1.2.5** 缺铁

宾川地区白泥土区均会表现严重的缺铁症状。

1）症状

葡萄缺铁时幼叶叶脉间失绿，逐渐发展至整个叶片呈黄绿色到黄色，但叶脉仍保持绿色，而此时老叶仍为绿色，这是缺铁症的特有表现。缺铁严重叶片呈黄白色到白色并有褐色坏死斑出现，叶片看似灼烧状，最后干枯死亡；花穗变为浅黄色，坐果少，果实发黄，并且发育不良（图6-7）。

图 6-7 缺铁的各种症状

2)原因分析

葡萄缺铁和土壤 pH 及通气状况有密切关系。pH 过高(盐碱土)时,土壤中铁元素常转化为根系不能吸收利用的不溶性铁;土壤过分黏重、灌溉水偏碱性时也会出现类似现象。不同品种对缺铁的敏感性不同,其中以欧美杂交种如巨峰对铁的缺乏最为敏感,最易发生缺铁性黄化。宾川地区一般土壤中不缺铁,大多数缺铁是因为土壤湿重,根毛失去对铁离子的吸收能力,如石灰性土壤、白泥土排水不良等,均易引起植株对铁的吸收困难。葡萄缺铁症主要在春天冷凉、潮湿天气时易发生。

3)预防和补救措施

(1)重视土壤改良　建园时实施客土改良,黏土掺沙、白泥土掺风化石、调整 pH 在 6～6.5 等,促进土壤中铁转化为可利用状态;还可以增施有机肥,深耕改土,防止土壤盐碱化和过分黏重。土壤盐碱化严重的葡萄园,在春季干旱时,应及时灌水压盐碱。

(2)补铁　叶面喷施铁肥(EDTA-Fe、EDDHA-Fe或硫酸亚铁800倍液),间隔7～10天,连续2～3次。为了增强葡萄叶片对铁的吸收,喷施硫酸亚铁时可加入少量食醋和0.3%尿素液,这对促进叶片对铁的吸收、利用和转绿有良好的作用。同时适当控水松土活根,增施有机肥,配施铁肥,覆盖地膜增温促根。间种玉米也可改善葡萄的缺铁症状。

**6.1.2.6　缺钾**

大量的土壤分析显示宾川地区葡萄园存在钾超标问题,故宾川地区葡萄缺钾现象并不常见。

1)症状

缺钾时,易出现灼叶现象,由叶缘向中心焦枯或叶缘向里卷曲,同时,发生褐色斑点坏死,老叶先有症状;容易发生水罐子病。缺钾时引起碳水化合物和氮代谢紊乱,蛋白质合成受阻,植株抗病力降低;葡萄不能有效地利用硝酸盐,影响光合作用,减少同化产物;果实小,着色不良,成熟前容易落果,降低产量和品质(图6-8)。

**图6-8　缺钾的症状**

2)原因分析

细沙土、酸性土及有机质少的土壤,降雨过多或被水淹的葡萄园容易造成钾流失;生长旺盛期、果实膨大期、转色期和负载量过大,容易出现结构性缺钾;氮肥施用过多会抑制钾肥吸收;钙、镁过多时,会抑制钾的吸收。据分析,葡萄果实中以钾的含量最高,因此葡萄常被称为典型的"钾质果树",即使在含钾量丰富的土壤上,产量过高时,葡萄转色期因短期需求量大也常常发生缺钾现象。

3)预防和补救措施

秋施基肥(亩用硫酸钾复合肥50千克+有机肥2吨)或生长季追肥时,增加钾肥的施用量(高钾水溶肥3～5千克);生长季喷施磷酸二氢钾500倍液进行补充,同时需要控制单株挂果量和氮钾肥的平衡。

#### 6.1.2.7 缺氮

宾川地区的土壤经过每年雨季的淋洗，氮的含量处于偏少水平，故葡萄缺氮现象较易出现。

1）症状

葡萄缺氮时首先导致新梢上部叶片变黄，新生叶片变薄变小，老叶黄绿，带橙色或变成红紫色；新梢节间变短，花序纤细，花器分化不良，落花落果严重，生长结束早。氮素严重不足时，新梢下部的叶片变黄，甚至提早落叶（图 6-9）。

图 6-9 缺氮症状

2）原因分析

缺氮原因有：土壤贫瘠，肥力低，有机质含量和氮素含量低；土壤水分重，地温低，根系受损；采后落叶早，储存养分少；过度干旱等。

3）预防和补救措施

（1）叶面喷肥 适时适量追施氮肥，叶面喷尿素 500 倍液＋氨基酸 1000 倍液。

（2）全年均衡施用氮肥 基肥增施有机肥和无机氮肥；根据生长需要，根部追施氮肥。

注意：早春要浇小水，提高地温。叶面喷施能较快纠正氮素营养的不足，但决不能代替基肥和追肥，对缺氮的葡萄园尤其要重视基肥的施用。当前在葡萄生产上，缺氮在个别地区和个别果园确实存在，而施氮过多的现象更是普遍存在，这不利于优质果品生产和病虫害防治。

#### 6.1.2.8 缺磷

大量的土壤分析显示宾川地区老葡萄园大多存在磷超标问题，但磷易被固定，所以依然有缺磷现象。

1）症状

葡萄缺磷症状突出表现在叶片变小，新梢生长衰弱，老叶呈紫红色，叶缘出现半月形坏死斑，基部叶片早期脱落，花芽分化不良，叶色暗绿带紫，叶边发红焦枯，花序、果穗变小，果实含糖量低，着色差(图 6-10)。

图 6-10　缺磷症状

2)原因分析

磷在酸性或碱性土壤中均易被固定，所以老葡萄园土壤检测总磷多而有效磷也不低，但大量磷被固定了，磷的移动性非常差，磷的形态也存在差异，新建园缺磷容易发生；土壤熟化度低的以及有机质含量低的贫瘠土壤易缺磷；地温低也易缺磷。葡萄在开花坐果期容易出现局部叶片缺磷现象。磷在植物组织中容易移动，在代谢旺盛的幼嫩组织中含量特别多，所以花期磷主要往花果运输，就出现花穗附近叶片缺磷现象。磷对糖的合成和运转有良好的促进作用。试验证明，施磷能使浆果内糖、色素和芳香物质增加，含酸量减少，可改善浆果品质。

3)预防和补救措施

秋施基肥时补充增加磷肥的施用量，亩施平衡型复合肥 50～80 千克；多使用微生物菌剂及有机肥改良土壤。生长期表现缺磷症状时，可叶面喷施磷酸二铵 500 倍液或者磷酸二氢钾 800 倍液，同时滴施 3～5 千克高磷水溶肥；尽量使用螯合磷肥或者配施柠檬酸。

**6.1.2.9**　缺锰

宾川地区属于锰较丰富区域，一般不表现缺锰症状，只有个别葡萄园要关注。

1)症状

葡萄缺锰时，新梢基部叶片开始发白，很快在叶脉间出现黄色小斑点，之后许多黄色小斑点相互连接，致使叶片主脉与侧脉间呈现淡绿色至黄色，黄色面积扩大后，大部分叶片的主脉间失绿。朝阳叶片症状明显。缺锰严重可抑制新梢、叶片和浆果生长，果实成熟推迟。

2）原因分析

锰影响葡萄植株的呼吸过程。树体内的锰和铁相互关联，锰过多时，铁离子过少，易发生缺铁症；缺锰时，铁离子浓度增高，能引起铁过量症。土壤为碱性时，锰为不溶解状态，所以，碱性土壤葡萄园的葡萄树易出现缺锰症。

3）预防和补救措施

增施有机肥。叶面施锰肥，在叶片生长前期喷施 500～1000 倍硫酸锰水溶液。

### 6.1.3 药害

1）症状

葡萄生产过程中由于施药操作不当造成的枯叶、花叶、畸形、花穗干枯、烂果、枯枝、叶面或者果面污染等现象，包括上一季使用的农药残留在土壤中造成的二次伤害，均属于药害的范围（图 6-11）。

萘乙酸药害　农药浓度过高产生的药害

大蒜气味长时间熏捂产生危害　毒死蜱药害　高氯药害

**图 6-11　多种药害症状**

喷雾器压力过大造成的药害　部分农药溶解性能差，长时间不搅拌易下沉而产生药害　膨果时药剂富集造成的药害

**续图 6-11**

2)发生原因

不同葡萄品种对农药的敏感度也不一样，例如百菌清在巨峰上安全，在红地球上就不安全。造成药害的主要原因：一是过量使用，浓度过高造成直接伤害；二是农药品种选择错误，使用了葡萄敏感的农药；三是农药剂型使用时期不对，例如幼果期使用了污染严重的农药品种，嫩梢生长期使用了醚菌酯等活性较强的杀菌剂容易烧嫩叶；四是农药使用时间不当，高温、强光照下容易产生药害；五是农药复配不当，特别是复配叶面肥容易产生药害；六是除草剂的土壤残留余毒和漂移伤害；七是喷雾器使用不当，使用前没有清洗到位，上一次余药最容易产生药害，使用中没有及时搅拌使农药沉底也容易产生药害，或者重复喷雾产生药害。

3)预防方法

(1)建立农药试用制度，认真进行葡萄生产中农药筛选的安全性试验。每一个新配方都要多点试验，包括配叶面肥前同样先试验，完全有效后才能推广使用。

(2)严格执行葡萄病虫害规范防治措施，对症下药，调整喷雾器压力，提高喷雾水平，保持喷雾机械的干净清洁。

(3)不要在高温、强光照期间使用农药。

### 6.1.4 肥害

1)症状

常见的肥害症状有：叶片青枯、褐枯，黑根、烂根，严重时死树。硼、锌中毒时，枝条不老化，柔软弯曲，叶片枯焦萎缩，烧根，土壤酸化，土壤板结等(图 6-12)。

肥烧表根

烧根造成叶片干焦

肥多水少

硼、锌肥中毒

盐分高引起叶枯

幼苗肥烧

图 6-12　多种肥害症状

2)原因分析

一次性施入过多肥料或者施肥比例不协调;过量施用化肥或者大量使用了不腐熟的有机肥;根施生牛粪;过量使用硼、锌肥;土壤有机质含量过低(0.5%以下),净风化石栽培;施肥后浇水不足等。

3)预防和补救措施

增施有机肥时不要使用未腐熟的有机肥,培养好根系;逐步减少化肥的使用,建议采用水肥一体化技术,科学合理地施肥;避免一次性大量施肥、盲目施肥,最好实施测土配方施肥。

### 6.1.5 水罐子病

水罐子病属于葡萄的一种生理性问题。

1)症状

葡萄转色期发生病害,则上色困难,呈水红色或者黄白色,果粒发软,用手指挤压果蒂会流出清水,感觉葡萄粒里面果肉松软成液体状(图 6-13)。

图 6-13 水罐子病症状

2)发生原因

转色期如果温度过高或者过低、水分过重、阴雨天气多，引起葡萄成熟时期营养严重缺乏，特别是缺钾、钙等，就容易产生水罐子病。

3)预防方法

(1)加强土壤管理，成熟期适当控制水分。

(2)平衡施肥，葡萄中期注意补充钙、镁、硼等中微量元素，中后期注意施用钾肥。

(3)合理确定负载量，产量过高容易发生水罐子病。

### 6.1.6 葡萄裂果

1)症状

葡萄裂果属于葡萄的一种常见生理性现象。葡萄在整个浆果生长期均易发生表皮开裂的现象，幼果生长中前期主要是纵向开裂，成熟以后主要是横向开裂，也有的形成不规则的多分枝裂痕(俗称鸡脚裂)(图 6-14)。

薄皮品种易裂果

过熟鸡脚裂

土壤水分过重引起裂果

成熟期水重裂果

虫口斑裂果

久旱遇大雨引起裂果

**图 6-14 葡萄多种裂果症状**

裂果引起灰霉病

肥药重引发严重裂果

续图 6-14

2)发生原因

葡萄裂果与品种果皮厚度有密切关系。宾川地区属于干热气候，应选用中、厚皮的葡萄品种，薄皮品种在宾川地区会产生严重的裂果，有的几乎绝收。其他造成葡萄裂果的因素主要有：①浆果生长期的肥水管理不当，长期干旱突然下雨或者灌水过多会严重裂果，转色期肥水过量会严重裂果，成熟期土壤水分过重容易形成横裂（环裂）、鸡脚裂；②病虫害防治有漏洞，比如白粉病侵染果实、蓟马造成的果实伤口等也会造成裂果；③植物生长调节剂使用不当，如膨大期、增糖上色期过量使用会造成葡萄裂果。

3)预防方法

(1)选用中厚皮的葡萄品种，坚持试种试验，不要盲目种植。

(2)平衡肥水，适时补钙，切忌过干过湿。雨季来临一定要清沟排水，多雨地区采用避雨栽培，土壤黏重的成熟期可以铺设排水地膜。

(3)加强病虫害防治，不要让病虫害为害果穗，个别问题果套袋前剪除。

(4)合理使用植物生长调节剂。

(5)适时采收，过熟容易裂果、软果、回糖。

### 6.1.7 葡萄落蕾落花落果

1)症状

葡萄在开花前花苞掉落叫落蕾，开花期整朵花都掉落叫落花，谢花后 3～7 天部分小果掉落叫生理落果，有时候生理落果现象会持续到大幼果时期。落蕾、落花与大幼果落果都是非正常情况，属于生理病害现象(图 6-15)。

落花、落果　　落蕾　　阳光玫瑰落蕾

图 6-15　落蕾、落花、落果症状

2)发生原因

葡萄的正常生长往往受到气候因素与人为因素的干扰，这些因素会不同程度地干扰、破坏葡萄生殖生长与营养生长的平衡，从而造成非正常的落蕾、落花、落果，也就是葡萄营养生长过旺会减少穗部的营养供应，花穗得不到足够的营养会自动形成营养调节机制，部分花蕾、花朵、幼果自动脱落。

3)预防方法

(1)培养中庸树势，重点调理好土壤，培养好根系。

(2)平衡施肥，注重磷、硼、钙、镁、锌的补充。

(3)及时定枝、摘心、整穗，剪掉过密的枝叶，保证通风透光，达到正常的叶果比。

### 6.1.8　穗枯

1)症状

转色期穗轴干枯而不落粒，造成软果烂穗(图 6-16)。

2)原因分析

葡萄转色期营养不良，根系受损，叶果比太小，负载量过大等，均可能造成营养不良而产生穗枯。

3)预防和补救措施

增施有机肥，培养好根系，15 厘米土壤的白根数要与表层相当。保持合理的

穗枯

穗枯园土壤板结

穗轴枯

**图 6-16 穗(轴)枯症状**

负载量,宾川地区主栽品种亩负载量建议:红地球 3 吨,克瑞森 2 吨,阳光玫瑰 2 吨。建议叶果比为 1∶2,保护好功能叶片。

### 6.1.9 脱枝(芽枯)

1)症状

上一年长势较强的挂果母枝萌发的新梢出现干枯现象一般称为脱枝,严重时也表现芽枯,第一年挂果的长势强的小苗和阳光玫瑰主干上的枝芽发生严重,属于葡萄的一种生理性问题(图 6-17)。

2)发生原因

主要原因是长势强,园区高温干燥;一个芽眼萌发多个小芽;抽发期肥水过重。

3)预防方法

(1)在刚刚出芽时,如一个芽眼出现多个芽,须尽早抹除不需要的芽,留取健壮且有花穗的枝条进行培养;早摘心控制长势;避免过量使用氮肥,特别是脱枝严重

红地球脱枝

阳光玫瑰脱枝

脱枝

**图 6-17　脱枝症状**

的地块，必要时可以增加磷钾肥的使用，或者叶面喷施磷酸二氢钾 500 倍液＋15％硼 1000 倍液，以此减缓生长速度。

（2）单幅连棚栽培的，气温正常后要及时撤棚，防止高温加重脱枝，减缓枝条抽发速度，达到均衡生长。

（3）可以通过控水或延长施肥间隔期来延缓葡萄生长；预判可能会脱枝或者偶尔发生脱枝的葡萄园，可以推后定枝，等脱枝现象不明显后再进行定枝。

（4）提前预防，在上一年管理中，肥水不能过重，培养中庸挂果技，粗度 0.8 厘米左右。

### 6.1.10　葡萄上色障碍

葡萄上色障碍属于葡萄的一种生理性问题。

1）症状

红色葡萄转色期突然上色停止，出现褪色或者形成深浅不一的色斑，严重时颜色深的部分首先发软、溃烂，这种果粒通常称为鹌鹑蛋果或者花果（图 6-18）。

果面受伤形成糊皮　　干水

营养不良引起上色困难　　缺镁、硼等引起上色不良　　褪色

**图 6-18　葡萄上色障碍症状**

2)发生原因

葡萄转色期由于温度、水分、盐分、酸碱度等超出正常范围,引起上色障碍(图6-19);也有因病虫害防治过程用药不当或者喷雾器压力过高造成果面伤害引起转色困难,如红地球葡萄幼果期喷雾百菌清就容易出现转色不匀,或留下深色斑。

3)预防方法

(1)规范病虫害防治措施,对症下药;调整喷雾器压力,提高喷雾水平。

(2)硬核期进行 EC 值与 pH 调查与调整。

(3)加强肥水管理,平衡施肥,幼果期补足中、微量元素,特别是镁、硼、钙、锌、钼。

干旱引起硬核期脱水　　干旱引起转色期脱水　　转色期干旱引起脱水

**图 6-19　干旱引起葡萄上色障碍**

### 6.1.11　气象灾害

1)症状

宾川地区的气象灾害主要有冻害、冰雹、干旱、高温、大风、龙卷风等，会造成黄化退花、枝叶冻伤、冰雹打伤、干旱萎蔫、高温软果、倒伏等(图 6-20)；连阴雨天气可能引起缩果症(图 6-21)；二氧化硫排放遇阴雨可能形成酸雨伤害，造成枯叶、枯枝、黑果(图 6-22)。

低温导致开花不一致　　花穗受冻　　克瑞森花前受寒

**图 6-20　葡萄遭受冻害、低温及高温、龙卷风症状**

冰雹（2020年8月炼洞）

冰雹（2007年6月管岗）

冰雹（2013年6月石马）

冻害（2015年3月22日乔甸）

冻害（2020年1月28日宾居）

寒害

寒害引起花穗退化

**续图 6-20**

高温缺水

高温脱水

高温灼伤

高温干热风软果

紫外线灼伤

高温褪色成僵黄果

高温引发果锈

高温蒸袋

**续图 6-20**

龙卷风

龙卷风

大风

续图 6-20

缩果病 - 果肉坏死

缩果病（2008年5月13日后向）

图 6-21 葡萄缩果症

干旱胁迫引起缩果

大幅度降温和连阴雨引起缩果

缩果病（2020年4月28日金旬）

缩果病（2020年4月28日柳家湾）

**续图 6-21**

图 6-22　葡萄遭受酸雨危害

续图 6-22

2)发生原因

宾川地区属于西南高原季风气候,雨热同季,冬季干冷,强对流天气突出。因此,宾川地区葡萄的生长往往受到灾害性天气干扰和破坏。促早栽培受前期低温影响易出现寒害、冻害;高海拔地区受连阴雨天气影响易烂果;丘陵交错分隔了若干坝子形成独特的地势地貌,大风、龙卷风、单点暴雨、冰雹时常发生;地处金沙江干热河谷,4—7 月高温、干热风对葡萄生长影响也较大。

3)预防方法

(1)推行葡萄标准化生产,逐步发展设施农业,准确把握促萌时期,有效避开冷害。

(2)提高现有设施的抗风能力,如加固地锚、增粗横梁等,还可铺设防雹网,增加微喷设施。

(3)应用水肥一体化技术,平衡施肥,推广设施健康栽培,促进树体营养积累,增强葡萄的抗逆能力。

## 6.2 侵染性病害及防治

### 6.2.1 白粉病

1)症状

葡萄的叶、花、果、梢、绿色枝条等均会感染白粉病。白粉病菌初侵染叶呈水浸状亮斑,逐步产生灰白色的粉状物,严重时覆盖整个叶片,使叶片卷缩、枯萎,而后脱落;花序发病颜色变黄容易折断;穗轴、果梗和枝条发病会形成不规则的褐色或黑褐色的白粉斑,羽纹状向外延伸;严重受害后,穗轴、果梗变脆,枝条不能老熟;果实对白粉病敏感,绿色幼果易感染,有色品种绿色褪完(可溶性固形物含量达到

12%)的果实不会被侵染，病果果粒小，变硬、畸形，后期容易开裂引发严重烂穗(图6-23)。

图 6-23　葡萄白粉病症状

2)发病条件

葡萄白粉病病原菌主要以菌丝体在被害组织内或芽鳞间越冬，被害组织上的闭囊壳也是病原菌重要的越冬形态。在保护地或南方气候温暖的地区，被害组织上的菌丝和分生孢子可以越冬，也成为重要的病原菌来源。葡萄白粉病病原菌越冬后，在第2年春天，芽开始萌动后，病菌孢子借助风和昆虫传播到刚发芽的幼嫩组织上，在条件合适时萌发，侵入到寄主使葡萄得病，出现第一批感病新梢、病叶和病枝条。越冬菌原是白粉病流行的基础条件，极度干燥和高湿度是白粉病流行的限制因素，低湿度是白粉病流行的条件，病原菌数量决定病害流行程度。

3)为害程度

宾川地区一年四季有葡萄生产，加之暖冬气候，形成了全年白粉病的高发易发态势，从而导致白粉病成为宾川葡萄的第一大病害。因此，必须进行不间断的保护和治疗；防治出现漏洞就会发病，严重的葡萄园因花少、花小、烂穗严重而减产。

4）防治方法

（1）抓好农艺措施，确保田间通风透光。搞好田间卫生，把修剪下来的枝条、叶片、病果粒、病果梗和穗轴收集到一起，清理出田间，集中处理（如高温发酵堆肥或者深埋等）。

（2）绒球期开始进行不间断的保护。根据所在地区的气候条件或栽培方式（是否设施），确定采取的具体措施。

（3）开花前、谢花后、封穗前、套袋前，是防治白粉病的“窗口期”，要认真细致地进行防治。

（4）防治白粉病时，新老药交替使用，要用足够的药水量，确保葡萄树全覆盖。

（5）发生白粉病时，要立即采取救灾措施，用治疗剂＋保护剂＋展着剂全园喷雾，加大用水量，前后两次用药间隔5天，第二次喷雾行走方向与上一次相反；白粉病上果穗要及时人工剪除病果，同时用药单独处理病穗。

5）推荐用药

（1）治疗剂　苯醚甲环唑、己唑醇、腈菌唑、硫黄、三唑酮、戊菌唑、乙嘧酚磺酸酯、醚菌酯、苦参·蛇床子素、石硫合剂。

（2）保护剂　四氟醚唑、嘧菌酯、烯肟菌胺、多抗霉素、吡唑萘菌胺、吡唑醚菌酯、苯并烯氟菌唑。

建议采用复配成分，或者治疗剂与保护剂相结合。

### 6.2.2 霜霉病

1）症状

叶片初浸染期为水浸状的小黄斑点，而后叶正面呈黄色或褐色、不规则、沿叶脉分隔的病斑，背面有白色霉层。花梗、果梗、新梢、叶柄最初形成浅黄色水浸状斑点，之后发展为形状不规则的病斑，颜色变深，为黄褐色或褐色。天气潮湿时，会在病斑上出现白色霜状霉层；天气干旱、干燥时，病部凹陷、干缩，造成扭曲或枯死。花蕾、花、幼果最初形成浅绿色病斑，之后颜色变深，呈深褐色，开花前后造成落花落果。大一些的幼果，感病初期，病斑颜色浅，为浅绿色，之后变深、变硬，随果粒增大形成凹陷病斑，天气潮湿时，也会出现白色霜状霉层；天气干旱、干燥时，病粒凹陷、僵化、皱缩脱落。主干或者主枝由叶柄传导诱发霜霉病，引起开裂坏死，随之次年发病主干坏死。霜霉病最容易识别的特征是白色的霜状霉层。与白粉病的主要区别有三个方面：一是要看发病条件，近期田间有降雨或者早上露水多且存在时间长的为霜霉病；二是白粉病的病斑是粉状物，厚薄不匀，霜霉病的霉层厚且一致，往往被叶脉分隔；三是白粉病正反面都发生，而霜霉病只在叶背面发生。

葡萄霜霉病症状见图 6-24。

图 6-24　葡萄霜霉病症状

2）为害程度

宾川地区春季干旱，一般不会暴发霜霉病，但是连阴雨天气，叶、梢也会发生霜霉病，造成枯叶、死梢；春夏果穗上侵染霜霉病是非常危险的，易造成绝产；秋季造成严重落叶，次年花少，严重减产，树势衰弱，甚至毁园。进入雨季以后要进行化学药剂保护与防治。

3）发生规律

进入雨季后陆续开始发病，遇连阴雨天气容易大发生。在秋天，由于露水持续时间长，也会产生严重的霜霉病。霜霉病具有幼嫩器官发生快、为害重的特点，一旦发病后蔓延快，复发率高。病害主要来源于病残体，空气传播和水媒发病。入侵途径是叶背或枝条、果穗上的气孔。水是霜霉病发生的必要因素（媒介），有水才能使霜霉病原菌萌发，才能发生霜霉病。因此，在有水存在（雨水、雾、露等）之前，是预防霜霉病的重要时期。

4)防治方法

(1)避雨栽培　避雨栽培是控制霜霉病最有效的方法。霜霉病发生流行与水有直接关系,因此,任何降低湿度和水分、减少病原的措施,都能减少或降低霜霉病的发生概率或发生程度,包括完善的避雨设施、深沟高墒的排涝体系、清园措施和田间卫生(及时处理落叶和病残组织)、加强田间管理(合理叶幕,通风透光性良好,夏季控制副梢量等)等具体措施。虽然这些措施非常重要和必要,但是也不能保证完全控制霜霉病,所以,不可避免地要施用化学药剂进行防治。

(2)施药防治

①常规预防:冬季清园　尽量掩埋上一年植株病残体,结合其他病害防治,用3～5°Bé石硫合剂在绒球期全园喷雾。进入雨季以后,用保护剂进行不间断保护,套袋以后用半量式波尔多液全园喷雾2～3次。采果后再喷一次即可。

②救灾治疗　a.全园用治疗剂＋保护剂＋展着剂进行全园喷雾;b.5天后用治疗剂对发病区域进行挑治;c.用治疗剂＋保护剂＋展着剂进行全园喷雾。行走方向前后两次相反。当遇病害暴发为害时加大用量,把前两次施药在同一天进行,即早上一次,下午一次。所有发病病斑都要喷湿。

③防治技术要点　a.治疗时适当加大用水量;b.要及时降低田间湿度,减少叶幕,强化通风透光;c.治疗和预防的重点器官是叶片背面;d.交叉用药,均匀周到。

④按发病轻重调整波尔多液比例　a.没有发病或者轻微发生时用硫酸铜∶石灰∶水＝1∶0.5∶100比例;中等发病时,用硫酸铜∶石灰∶水＝1.5∶0.8∶100比例;重发病时用硫酸铜∶石灰∶水＝2∶1∶100比例。b.把硫酸铜水与石灰水同时倒入或者先倒石灰水,再倒硫酸铜水,边倒边搅拌均匀。c.一次取够总水量,分别取水溶解硫酸铜与石灰,不要二次勾兑,以防喷雾时分层。

5)推荐用药

(1)治疗剂　烯酰吗啉、甲霜灵锰锌、霜霉威盐酸盐、氟吗啉、霜脲氰、乙磷铝、氟噻唑吡乙酮。

(2)保护剂　代森锌、代森锰锌、氰霜唑、丙森锌、嘧菌酯、吡唑醚菌酯、吡唑菌胺、铜制剂(氢氧化铜、氧化亚铜)、波尔多液。建议多采用复配成分,或者治疗剂与保护剂相结合。

### 6.2.3　灰霉病

1)症状

受害新生组织呈褐色病斑,导致干枯;花序腐烂或干枯、脱落。侵染果梗和穗轴呈褐色病斑(穗轴褐枯病);大幼果至成熟期,灰霉病病原菌可以通过表皮或伤口直接侵入果实。比较紧的果穗，果实互相挤压，先通过相邻的果粒传染，然后霉层会逐渐侵染整个果穗。绿色品种被侵染，果粒变成褐色；黑色品种被侵染，果粒变成红色。如果气候干燥，被侵染的果粒干枯；如果气候湿润，果粒会破裂，形成烂穗（图 6-25）。

图 6-25　葡萄灰霉病症状

2）发病规律

灰霉病霉菌无处不在，分生孢子在 90％以上的湿度或有水分存在时，1～30℃条件下都可以萌发（最适合温度是 18℃）。高湿度时菌丝可以直接侵入；低湿度时通过伤口侵入，例如虫害、白粉病、冰雹、鸟害、人为伤等造成的伤口，会加速和促进葡萄灰霉病的侵染和发病。宾川地区灰霉病主要为害花穗和成熟果穗。

3)防治方法

(1)合理密植　低热区每亩留 3000 枝,温凉区每亩留 2500 枝,确保田间通风透光。

(2)改革架式　采用“高、宽、稀、垂”的“飞鸟架”或者平棚架,进行“三带整形”。

(3)抓住关键时期用药　花前、花后、套袋前进行预防。

(4)灰霉病发生的防治措施　首先除去荫蔽的叶片,打除基部胎叶,尽可能让果穗见阳光,同时用治疗剂喷穗或者蘸穗。

4)推荐用药

咯菌腈、异菌脲、啶菌噁唑、抑霉唑、烯肟菌胺、甲基硫菌灵、嘧菌环胺、福美双。

### 6.2.4 酸腐病

酸腐病是真菌、细菌和醋蝇联合为害的复合型病虫害。发生酸腐病的前提是果实上有伤口,伤口的糖分在空气中的酵母菌和醋酸菌的共同作用下形成醋酸,醋酸挥发的气味引来醋蝇。醋蝇身上携带细菌,在伤口处爬行、产卵的过程中造成细菌的传播,同时卵的孵化、幼虫取食果肉造成腐烂,加上醋蝇的数量迅速增长,引起病害的流行。由于繁殖速度快,醋蝇对杀虫剂产生抗性的能力非常强,一般 1 种农药连续施用 1～2 个月就会产生很强的抗药性。

1)症状

酸腐病的症状可以用 6 句话来概括:①有烂果,即发现有腐烂的果粒;套袋葡萄,如果在果袋的下方有一片深色湿润(习惯称为“尿袋”),就表明该果穗上有酸腐病;②有类似于粉红色的小蝇子(醋蝇,长 4 毫米左右)出现在烂果穗周围;③有醋酸味;④正在腐烂的果粒,在烂果内,可以见到灰白色的小蛆;⑤果粒腐烂后,腐烂的汁液流出,会造成汁液经过的地方(果实、果梗、穗轴等)腐烂;⑥果粒腐烂后干枯,干枯的果粒只剩果皮和种子(图 6-26)。

2)发病条件和规律

(1)有伤口,机械伤(如生理性裂果、挤裂伤以及由冰雹、风、蜂、鸟、虫等造成的伤口)或病害(如白粉病等)造成的伤口;

(2)伤口导致果穗周围和果穗内的高湿度(雨水、喷灌和浇灌等造成的湿度大的空气、叶片过密造成的高湿度等);

(3)有醋蝇的存在;

(4)萌发不整齐、成熟期延长会加重酸腐病的发生和为害。一般在以下情况时会造成酸腐病大发生:①果实受鸟害或虫害较重时;②裂果较重时;③产量过高,且施用膨大剂过量,果皮变薄,后期裂果严重时;④炭疽病、白腐病、灰霉病等导致果

图 6-26　葡萄酸腐病症状

穗腐烂严重时；⑤和早熟的、易裂果的品种混栽时。对于套袋葡萄，套袋时，袋子口没有扎紧，或者袋子质量有问题，下雨后透水，袋子内灌进较多的水，也会大发生。

3）为害程度

宾川以高海拔地区为害较重，防治抓得不好的损失较大。

4）防治方法

（1）防治原则　以防病为主，病虫兼治。

（2）栽培措施　尽量避免在同一果园种植不同成熟期的品种；促萌措施要抓好，做到整齐萌发；增加果园的通透性（合理密植、保持合理叶幕系数等）；葡萄成熟期不能（或尽量避免）大水漫灌；不要过量使用膨大剂，避免果皮太薄易受伤害和裂果；避免果穗过紧（疏果要到位）；平衡肥水减少裂果，尤其避免过量施用氮肥等；套袋要适当宽松，袋口扎紧不漏水，避免烂穗。

（3）化学防治措施　早期做好蓟马、小菜蛾、白粉病、炭疽病、灰霉病等病虫害防治，减少病害伤口；幼果期施用安全性好的农药，避免果皮过紧或果皮伤害等。这些防治措施对酸腐病的防治有积极意义。成熟期的药剂防治是防治酸腐病最为重要的途径。铜制剂和杀虫剂配合施用，是目前化学防治酸腐病的唯一方法。杀虫剂应选择低毒、低残留、分解快的杀虫剂，而且要能与 80％波尔多液可溶性粉剂混合施用，并且 1 种杀虫剂只能施用 1 次。可以施用的杀虫剂有菊酯类、灭蝇胺等。

发现酸腐病要立即进行紧急处理，包括剪除病果粒和药剂涮病果穗。对于套袋葡萄，处理果穗后套新袋，而后整个果园立即喷 1 次触杀性杀虫剂。即使这样，也很难保证酸腐病不再发展。发现烂穗或果粒有伤口后，最好是先用 80%敌敌畏 300～500 倍液喷葡萄行间的地面，待醋蝇完全死掉后，马上剪除烂穗或有伤口的穗，用塑料袋或桶接着，收集后带出园外销毁。剪烂穗要及时并且彻底。

5）推荐用药

高效氯氰菊酯、醚菊酯、灭蝇胺、噻霉酮、氢氧化铜、氧化亚铜、波尔多液。还可用敌敌畏喷地面。

### 6.2.5 溃疡病

1）症状

为害果实，造成果实腐烂及果粒脱落；为害穗轴，穗轴上出现黑褐色病斑，造成果梗干枯及果实腐烂或脱落，或由于果梗干枯造成果实不脱落但逐渐干缩；在枝蔓上，当年生枝条出现灰白色梭形病斑，病斑上着生黑色小点，或在枝蔓上出现红褐色病斑（图 6-27）。溃疡病与穗枯病的区别在于溃疡病会造成严重的落粒。

图 6-27 葡萄溃疡病症状

2）发病规律

目前，对葡萄溃疡病病菌的研究还不够细致和全面，包括其致病机制和侵染性也有许多争论。但从已有的研究资料和文献中可以大致知道：其在病组织上越冬，主要通过雨水传播；是弱寄生性病原菌，在葡萄树势衰弱或有伤口的情况下容易感病。

3)为害程度

据有关报道，葡萄溃疡病主要为害枝蔓，引起树势减弱甚至死亡，也可为害果实和叶片。宾川地区也发生过严重的溃疡病，损失严重。

4)防治技术

(1)减少病原菌的数量　引起溃疡病的座腔菌是弱寄生性病原菌，并且能在植物的死组织上存活和繁殖，修剪时要剪除带病枝条，清除田间修剪下来的枝蔓和病组织，并对这些残体进行处理。

(2)因为是弱寄生性病害，所以合理负载量、健康中庸的树势等非常重要。加强栽培管理、控制产量、合理肥水等，可以有效预防溃疡病的发生。

(3)避雨栽培、减少雨水飞溅，是有效措施。

(4)伤口处理和涂抹　冬季修剪时，在修剪口涂药或修剪结束时整园喷洒药剂；避免在阴雨天或者露水未干时摘心、抹副梢等田间操作；在果穗或枝条大量出现伤口时，对果穗或枝条进行处理等，都是有效的防治措施。

5)推荐用药

春雷霉素、氢氧化铜、氧化亚铜、中生菌素、噻霉酮、腈菌唑。

### 6.2.6　病毒病

1)症状

葡萄病毒病的症状表现因葡萄品种、病毒株系、气候条件、肥水管理等不同而存在差异，主要有畸形、黄(白)化和镶脉 3 种症状类型。畸形症状表现为果穗少、穗型小、坐果不良、成熟期不整齐。黄化症状表现为病株在春季叶片上先出现黄色散生的斑点、环斑或条斑，之后形成黄绿相间的花叶；严重时病株的叶、蔓、穗均黄化；阳光玫瑰叶片和枝梢变形明显，果穗和果粒多较正常的小；后期老叶整叶黄化、枯萎、脱落。镶脉症状表现为春末夏初成熟叶片沿主脉产生褪绿黄斑，渐向脉间扩展形成铬黄色带纹(图 6-28)。

2)发病规律

主要是苗木传染传播，葡萄病毒可通过多种粉蚧近距离传播，也有线虫传播的报道。宾川葡萄病毒病主要是阳光玫瑰与妮娜皇后容易发生，高温寡日照条件下易发生。

3)为害程度

宾川地区每年都有发生，对阳光玫瑰为害严重。

图 6-28　葡萄病毒病症状

4)防治方法

(1)采用无病毒苗木是防控葡萄病毒病的根本措施。

(2)健康栽培,提高树体抵抗力,改善肥水条件,培养好根系;严重发病的可以适当回缩重新培养。

5)推荐用药

氨基寡糖素、吗胍·乙酸铜。

### 6.2.7　白腐病

1)症状

白腐病极少为害叶片,偶尔叶片上出现倒三角轮纹病斑。果梗或穗轴上被白腐病菌侵染,首先出现浅褐色、边缘不规则、水渍状病斑,以后向上、下蔓延。果粒从基部皮孔侵染发病,表现为淡色软腐,整个果粒没有光泽;接着全粒变为淡淡的蓝色透粉红的软腐;而后出现褐色小脓包状突起,在表皮下形成小粒点(分生孢子器),但不突破表皮。白腐病为害枝条,一般是为害没有木质化的枝条,枝蔓的节、剪口、伤口、接近地面的部分是受害点。枝蔓受害形成溃疡型病斑。病斑起初为长型、凹陷、褐色、坏死斑,之后病斑干枯、撕裂,皮层与木质部分离,纵裂成麻丝状。

在病斑周围有愈伤组织形成，可看到病斑周围有“肿胀”，这种枝条易折断。如果病斑围绕枝蔓一圈，病斑上部的一段枝条“肿胀”变粗，最后上部枝条枯死。枝条上的病斑可以形成分生孢子器(图 6-29)。

**图 6-29　葡萄白腐病症状**

2)发病规律

病原菌以分生孢子或分生孢子器存在于土壤中(有文献称其可以在土壤里存

活 17 年)，泥水飞溅或者尘土飞扬均有利于白腐病传播。白腐病一般通过伤口、皮孔及水孔侵染葡萄，只有在发生大风大雨、冰雹等造成伤口时，才能直接侵染果粒，其他情况是在果梗等被侵染后扩展到果粒上。白腐病又叫冰雹病，所以大风大雨、冰雹后要预防。

3)为害程度

宾川地区白腐病在 1999—2002 年严重发生过，随着防治措施的不断规范，果穗发病很少，目前主要是为害主干。

4)防治方法

(1)减少白腐病病原数量是防治白腐病的基础　具体做法是把病穗、病粒、病蔓、病叶带出果园，统一处理，不能遗留在田间。这种工作是日常性的、长期性的，必须坚持执行。

(2)阻止分生孢子的传播，是防治白腐病的关键　首先，不让白腐病的分生孢子传播到葡萄树上，尤其是果穗上。措施包括：首先，发芽前施用药剂杀灭枝蔓上的病原菌；采用高架栽培(如棚架)；阻止尘土飞溅、飞扬(例如葡萄园种草、覆草栽培等)。其次，对果穗提供特殊的保护，把传播到果穗上的分生孢子杀灭，具体做法是在花前、花后规范施用杀菌剂。再次，特殊天气状况(冰雹、暴风雨)后及时喷洒药剂，出现冰雹后必须进行针对性的处理。

(3)大风大雨、冰雹后 12～18 小时内必须施用杀菌剂，一般三唑类药物就可以。

5)推荐用药

苯醚甲环唑、戊菌唑、甲基硫菌灵、福美双、代森锰锌。

### 6.2.8 炭疽病

1)症状

炭疽病主要为害果实，也为害穗轴、新梢、叶柄、卷须等。在幼果期，得病果粒表现为黑褐色、蝇粪状病斑，但基本看不到发展，等到成熟期(或果实呼吸加强时)发病；成熟期或成熟的果实得病后，初期为褐色、圆形斑点，而后逐渐变大并开始凹陷，在病斑表面逐渐生长出轮纹状排列的小黑点(分生孢子盘)，天气潮湿时，小黑点变为小红点(肉红色)，肉红色类似于粉状的黏状物，为炭疽病的分生孢子团，这是炭疽病的典型症状。严重时，病斑扩展到半个或整个果面，果粒软腐，或脱落或逐渐干缩形成僵果(图 6-30)。

图 6-30 葡萄炭疽病症状

2)发病规律

葡萄炭疽病病原菌主要以菌丝在当年的枝条(一般是结果母枝)上越冬,病枝条与健康枝条没有区别。葡萄炭疽病有两个侵染过程:①带病的越冬组织(如枝条、卷须等)经过水(如雨水)充分润湿后形成分生孢子。分生孢子随着雨水飞溅,传播到新梢、叶片、叶柄、卷须、果柄、果实上,并造成侵染。除果实外,其他组织基本不发病,但成为下一年的病原。这种侵染,一般在春季或雨季完成。②被侵染的果实,在幼果期一般不发病,只出现小黑点状病斑,等到成熟期发病;如果果实已经着色或成熟,侵入后经过 6～8 天的潜伏期后表现症状。表现症状的葡萄粒出现小黑点,而后产生粉红色的分生孢子团或块,借雨水飞溅、流出的果汁和昆虫等传播到健康果粒或枝条等。

水分是炭疽病侵入葡萄的必要条件。连续湿润 7～12 小时,炭疽病原菌能在果穗或果粒上完成侵入;连续湿润 9 小时,带菌的枝条上可以产生分生孢子。如果分生孢子传播到果粒或果穗,高湿度也能造成病原菌的侵入。

3)为害程度

葡萄炭疽病是为害很严重的一种病害,可造成烂穗、酸腐,严重时可绝产。宾川地区曾出现过严重的炭疽病。

4)防治方法

(1)果穗套袋 硬核期、转色期后套防水袋。预防葡萄炭疽病主要方法就是在避雨栽培、提高架面、深沟排水、增强通风透光、降低田间湿度的基础上早套袋。套防水袋是最有效的手段。

(2)搞好田间卫生,把修剪下来的枝条、叶片、病果粒、病果梗和穗轴收集到一起,清理出田间,集中处理(如发酵堆肥、高温处理等)。

(3)关键期用药 发芽后到花序分离期,开花前、落花后至套袋前,结合防治其他病害进行规范防治,是防治炭疽病的最关键措施。可以根据降水情况,规范调整防治措施。

5)推荐用药

套袋前可以用咪鲜胺(欧亚种不建议使用)、甲基硫菌灵、福美双、苯醚甲环唑。

### 6.2.9 黑痘病

1)症状

(1)叶片 最初出现很多针头大、紫红色至黑褐色斑点,周围有黄色晕圈。后病斑扩大呈圆形,中央灰白色,边缘暗褐色或紫褐色,直径 1～5 毫米。最后病斑自中央破裂穿孔,但周缘仍保持紫褐色晕圈。

(2)叶脉 病斑呈梭形、圆形或不规则形病斑,凹陷,中央灰白色或灰褐色,边缘暗褐色。后期叶脉坏死后,引起叶片扭曲皱缩变形,甚至叶缘枯死。

(3)穗轴 病斑呈梭形,凹陷,中央灰白色或灰褐色,边缘暗褐色。全穗或部分小穗发育不良,果实变小僵化。

(4)果实 绿果被害,初为圆形深褐色小斑点,后扩大,直径可达 2～5 毫米,中央凹陷,呈灰白色,外部仍为深褐色,周缘紫褐色,似“鸟眼”状,故又叫鸟眼病。严重时多个病斑相连,病斑硬化、龟裂。病果小,失去食用价值。病斑限于果皮,不深入果肉。空气潮湿时,病斑上出现乳白色的黏质物,此为病原菌的分生孢子团。

(5)新梢、蔓、叶柄或卷须 发病时,初现圆形或不规则小斑点,以后呈灰黑色,边缘深褐色或紫色,中部凹陷开裂。新梢没有木质化以前最易感染,发病严重时,病梢生长停滞,萎缩变形,枯死。叶柄染病症状与新梢相似(图 6-31)。

2)发病规律

园内遗留的病残体是第二年病害的来源。多雨高湿的环境条件下,葡萄叶、

图 6-31　黑痘病症状

果、梢等绿色幼嫩组织就会发病。地势低洼，排水不良，整枝不及时，幼嫩组织多，速效氮肥过多，湿度大都会导致病害发生。黑痘病还会通过带病原菌的苗木或种条传播，因此要事先进行苗木和插条消毒处理。

3）为害程度

宾川地区黑痘病在红地球葡萄发展初期严重发生过，造成枯梢、烂叶、黑果，很多葡萄园因此毁园，近几年也有不同程度的为害。

4）防治方法

（1）搞好田间卫生，把修剪下来的枝条、叶片、病果粒、病果梗和穗轴收集到一起，清理出田间，集中处理（如发酵堆肥、高温处理等）。

（2）对于黑痘病发生区或果园，药剂的使用体现一个“早”字，即发芽前和发芽后，必须及早采取措施。

(3)关键时期用药　雨后、开花前、落花后是防治黑痘病的最关键时期。一般施用内吸性的药剂,可选用苯醚甲环唑、腈菌唑、氟硅唑、戊唑醇等。

5)推荐用药

苯醚甲环唑、甲基硫菌灵、福美双、代森锰锌、氟硅唑、腈菌唑、戊唑醇。

### 6.2.10　白绢病

1)症状

白绢病仅为害根系。根系被侵染后逐渐腐烂,一棵葡萄树可轻松拔起,根系上有明显的浓密白色菌丝体(图 6-32)。

根系逐步腐烂　　树体可轻松拔起

**图 6-32　葡萄白娟病症状**

2)发病规律

病原菌由土壤中根系接触传染,主要为害死树残体,造成木质部腐烂。

3)为害程度

宾川地区近年连续有发生,发病后为害严重,死树严重,逐步毁园。

4)防治方法

(1)建园时尽量不要用没有发酵过的有机肥;使用树枝与农作物秸秆要与普钙或者生石灰混施;栽苗前一定要晒透土壤。

(2)发病后滴施甲基硫菌灵或者福美双 2～3 次,及时清除病株,并进行土壤消毒。

(3)重新栽苗要进行苗木与土壤消毒,土壤消毒一般一穴 2 两生石灰。

5)推荐用药

甲基硫菌灵、福美双、噁霉灵、甲霜灵等根部处理。

### 6.2.11 褐斑病(小褐斑病、大褐斑病)

1)症状

褐斑病仅为害叶片(图 6-33)。在美洲种葡萄品种上,病斑呈圆形或不规则形,边缘红褐色,中部暗褐色,后期病斑背面长出灰色或暗褐色霉状物。在欧亚种群如龙眼品种上,病斑呈近圆形或多角形,边缘褐色,中部有黑色圆形环纹,边缘最外层呈暗色湿润状。直径一般在 3～10 毫米,1 个叶片上可长数个至数十个大小不等的病斑。发病严重时,病叶干枯破裂,以致早期落叶。

图 6-33 葡萄褐斑病症状

2)发病规律

病原菌以菌丝体和分生孢子在落叶上越冬,分生孢子通过气流和雨水传播,从叶背气孔侵入,通常自植株下部叶片开始发病,逐渐向上部叶片蔓延。环境条件适宜时,引起再次侵染,造成陆续发病。突发性阵雨后会快速发病。因此,夏、秋多雨地区或年份发病重;管理粗放,田间小气候潮湿,树势衰弱的果园发病重。果园地势低洼、潮湿、通风不良易发病。

3)为害程度

宾川地区每年都有发生,一般为害不严重。

4)防治方法

治疗白粉病等真菌病害的药物基本有兼治效果,一般不单独防治。

(1)清理田间落叶,深埋或者烧掉。

(2)发病后施用三唑类治疗剂+保护剂 2～3 次。

(3)有为害的葡萄园采收后认真清园。

5)推荐用药

腈菌唑、苯醚甲环唑、丙环唑。

### 6.2.12 根结线虫病

1)为害症状

根结线虫为害根系形成根瘤,其他线虫无根瘤,葡萄非正常生长,矮小、黄化、颗粒小,产量降低明显(图6-34)。

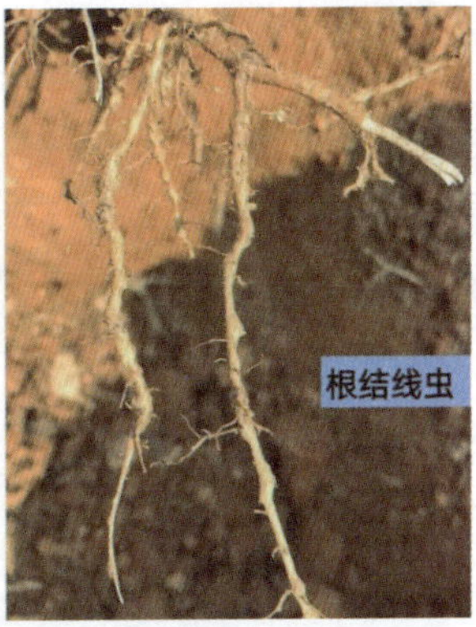


图 6-34 根结线虫为害症状

2)发生规律

线虫喜欢酸性土壤,在田间呈斑块状分布,田间长势也呈斑块状分布。

3)为害程度

宾川地区根结线虫为害属于零星发生状态,但是会造成树体衰弱、叶片花叶,挂果能力差,产量损失大。

4)防治方法

主要靠预防,土壤消毒,选用抗性砧木,加强苗木检验与处理。

5)推荐用药

阿维菌素、氟吡菌酰胺、淡紫拟青霉。

## 6.3 虫害及鸟害防治

### 6.3.1 蓟马

1)为害症状

葡萄蓟马个体较小,是锉吸式口器,喜欢在葡萄幼嫩的部位吸取表皮细胞的汁液,叶片受害后出现褪绿的黄斑,变小,卷曲畸形,干枯,有时还出现穿孔;新梢受害后,生长受到抑制;葡萄幼果受害后,表面形成一个小黑斑,随着幼果的增大,黑斑也随之增大，形成木质化褐斑，影响葡萄的外观和品质，严重时可引起裂果（图6-35）。

为害嫩梢

为害叶片

为害花穗

为害幼果穗

为害幼果

为害穗轴

**图6-35　蓟马为害症状**

为害成熟果

蓝板诱杀蓟马

**续图 6-35**

2)发生规律

为害葡萄的主要为烟蓟马与茶黄蓟马。冬、春季节,当气温低于 10℃,烟蓟马停止繁殖。春季温度达到 15℃以上时,烟蓟马开始繁殖;气温达到 24℃,相对湿度在 60%以下时,繁殖能力达到高峰;气温高于 27℃,湿度达到 70%以上时,烟蓟马的繁殖能力逐渐下降;气温高于 37℃时,烟蓟马的卵不能孵化。宾川地区冬季蓟马在葱蒜上大量繁殖,春节转移到葡萄、柑橘、石榴等水果上为害,以清明节以后为为害高峰。若虫在土里面化蛹再羽化出土,为害花果等器官。

3)防治方法

(1)土壤处理　白僵菌土壤处理与地面覆盖。

(2)蓝板诱杀　亩挂蓝板 20～30 片。

(3)化学防治　传统的化学农药虽然有杀伤天敌、污染环境、毒害人畜等缺点,但仍然是果园管理综合防治中必不可少的重要手段。目前,防治蓟马效果较好的药剂为虫螨腈、高效氯氰菊酯、吡虫啉、噻虫嗪、功夫菊酯、阿维菌素、啶虫脒、多杀霉素和乙基多杀菌素。为延缓蓟马抗药性,在选择化学防治时应轮换使用药剂。

(4)推荐用药　啶虫脒、乙基多杀菌素、高氯·甲维盐、氟啶虫胺腈、氟啶虫酰胺、多杀霉素、高效氯氟氰菊酯。

### 6.3.2 蚜虫

1)为害症状

主要为害葡萄幼嫩部位,如花穗、幼果、新梢等。阳光玫瑰、克伦生等品种受为害较重。蚜虫主要吸食汁液,导致葡萄生长发育不良,畸形,并大量分泌排泄物,造成二次为害;幼果受为害会导致果面污染,影响商品性。为害蚜虫种类见图 6-36,为害严重成果如图 6-37 所示。

黑蚜虫　　绿蚜虫　　油蚜虫

图 6-36　为害蚜虫种类

图 6-37　蚜虫为害症状

2)发生规律

从发芽开始蚜虫就开始活动，在开花前后为害较重，主要为害幼嫩组织。

3)防治方法

注重田间观察，早期可以挂黄板诱杀；化学防治主要以烟碱类杀虫剂为主。油蚜抗药性强，建议配方：用一次烯啶联苯＋螺虫乙酯＋有机硅，3 天后联苯噻虫嗪＋氟啶虫胺腈。往年花期蚜虫严重的，于开花前 1～3 天用螺虫乙酯 1500 倍液预防。

防治蚜虫推荐用药：螺虫乙酯、吡虫啉、噻虫嗪、烯啶虫胺、氟啶虫酰胺、乙基多杀菌素、高效氯氟氰菊酯、啶虫脒、氟啶虫胺腈。

### 6.3.3 介壳虫

目前宾川地区为害葡萄的为葡萄粉蚧、康氏粉蚧、吹棉蚧、矢尖蚧（图 6-38）。

介壳虫幼虫　康氏粉蚧

吹棉蚧　矢尖蚧

图 6-38　介壳虫种类

1）为害症状

以雌成虫和若虫刺吸嫩芽、嫩叶、果实和枝干的汁液。嫩枝受害后，被害处肿胀，严重时造成树皮纵裂而枯死。果实被害时，造成组织坏死，出现大小不等的褪色斑点、黑点或黑斑，为害处该虫产出白色棉絮状蜡粉等污染果实；排泄蜜露到果实、叶片、枝条上，造成污染，湿度大时蜜露上产生杂菌污染，形成煤污病；有煤污病的果实彻底失去食用和利用价值。粉蚧对阳光玫瑰的危害特别严重（图 6-39）。

**图 6-39　介壳虫为害症状**

2）发生规律

在宾川，介壳虫一般 4 月中旬上树，主要是葡萄粉蚧与康氏粉蚧，1 年发生 3 代，主要以卵在树体各种缝隙及树干基部附近土石缝处越冬，翌年春天葡萄发芽时，越冬卵孵化，爬到枝叶等幼嫩部分为害。第 1 代若虫盛发期为花前，第 2 代为花后至套袋前，第 3 代为转色至成熟期。该虫第 1 代为害枝干，第 2、3 代主要为害果实。康氏粉蚧喜在阴暗处活动，套袋内是其繁殖为害的最佳场所，因此，套袋果园、树冠郁闭、光照差的果园发生较重。

3）防治方法

（1）冬春防治　果实采收后及时清理果园，将虫果、旧纸袋、落叶等集中烧毁或深埋。在葡萄冬季休眠期，清除主干和枝蔓上的老粗皮，以减少越冬虫口基数。春季发芽前喷 3～5°Bé 石硫合剂或 3%～5%柴油乳剂，可消灭越冬卵和若虫。

（2）生长期防治　生长期应抓住各代若虫孵化盛期。宾川地区 4 月是防治第 1 代康氏粉蚧、矢尖蚧等介壳虫的关键时期，须加强田间观察，发现后适时用药 1～2 次；上一年发生的葡萄园 4 月中下旬两次防治，套袋前再认真地防治一次。

（3）吹绵蚧近年开始为害葡萄，由于其背上有绒毛，仅喷雾往往效果不好，所以首先要除去老皮，重点区域人工清理一次；然后全园喷雾时配展着剂，同时对发生树进行挑治，并彻底清除。

防治介壳虫推荐用药：螺虫乙酯、噻嗪酮、氟啶虫酰胺、石硫合剂。

### 6.3.4　螨虫

主要有红蜘蛛（葡萄短须螨）、锈蜘蛛（葡萄瘿螨）、黄蜘蛛（茶黄螨）、白蜘蛛（二斑叶螨）（图 6-40）。

红蜘蛛　红蜘蛛为害　为害症状

二斑叶螨　锈蜘蛛　锈蜘蛛

**图 6-40　螨虫种类及为害症状**

1)为害症状

螨类为害症状基本相似，均以成螨和若螨为害新梢、叶柄、叶片、果梗、穗梗及果实。新梢基部受害时，表皮产生褐色颗粒状突起。叶柄被害状与新梢相同。叶片被害，叶脉两侧呈褐锈斑，严重时叶片失绿变黄，枯焦脱落。果梗、穗轴被害后由褐色变成黑色，组织变脆，极易折断。果粒前期被害后，果面呈浅褐色锈斑，果皮粗糙硬化，有时从果蒂向下纵裂。果粒后期受害时影响果实着色，且果实含糖量明显降低，酸度增高，严重影响葡萄的产量和质量。锈蜘蛛初发时顺叶脉发展呈条状为害，红、黄蜘蛛严重时正面也为害严重。葡萄品种不同，受害程度也有所差异，叶片绒毛密而短的品种受害较重，叶片绒毛密而长的品种或绒毛少而光滑的品种受害较轻。

2)发生规律

葡萄螨类的发生与温湿度密切相关，随温湿度的升高，各代历期缩短。根据室内观察，平均温度在 29℃，相对湿度在 80%～85%的条件下，最适宜其生长发育，因此，7—8 月的温湿度最适宜其繁殖，发生数量多，为害重。宾川地区全年都有发生，以 3—5 月为高峰。

3)防治方法

(1)清洁田园　冬季葡萄休眠期，刮除老翘皮，集中烧毁，消灭越冬雌成虫。

(2)化学防治　早春葡萄芽膨大吐绒时，喷 3～5°Bé 石硫合剂(加 0.3%洗衣粉)，这是防治关键期，喷药一定要细致均匀。

推荐杀螨剂：阿维菌素、依维菌素、唑螨酯、哒螨灵、四螨嗪、噻螨酮、螺螨酯、矿物油、石硫合剂。

### 6.3.5　钻心虫

宾川地区钻心虫以木蠹蛾(豹斑木蠹蛾)为主。

1)为害症状

侵入叶脉、枝条为害，初期侵食皮下韧皮部，逐渐侵食木质部，并在枝条内顺髓腔钻蛀，形成枯枝或者整株枯死，葡萄树下有虫粪(图 6-41)。

2)发生规律

一般发生 1～2 代，木蠹蛾在葡萄枝条内以老熟幼虫越冬，春季化蛹，初夏羽化，低热坝区 4 月中旬羽化，7 天左右产卵，下旬出现幼虫，5 月初进入叶脉，一周后进入枝条内，并在其中完成幼虫发育阶段，在枝条内化蛹与羽化，7—9 月发生第二代。

莱甸村木毒蛾秋季转移为害路线

由叶脉钻入

小幼虫

大龄幼虫

老熟幼虫

**图 6-41　钻心虫生育期及为害症状**

木蠹蛾成虫

为害中心塘

续图 6-41

3)防治方法

田间农事操作时要注意观察，发现枯枝或者虫粪即进行人工清除。

化学防治：在 4 月底、5 月初和 8 月底、9 月初进行喷雾防治，先用甲维盐全园喷雾，7 天后使用氯虫苯甲酰胺全园喷雾。

防治钻心虫推荐用药：甲维盐、氯虫苯甲酰胺、高效氯氰菊酯。

### 6.3.6 橘小实蝇

1)为害症状

葡萄转色期为害葡萄，成虫产卵在葡萄上，葡萄果实受橘小实蝇幼虫的为害后，形成烂果，还可造成落果或使果实失去经济价值(图 6-42)。

2)发生规律

橘小实蝇成虫产卵于寄主果实，幼虫在果实中取食果肉并发育成长。幼虫成熟后从果实中外出并入土化蛹，成虫在土壤中羽化外出。由于寄主植物多且周年存在，橘小实蝇可终年发生。尽管 12 月至翌年 3 月以前气温偏低，橘小实蝇的活动受到一定的抑制，但并未影响其生存。橘小实蝇 3 月、4 月间逐步增加，8—10 月为成虫盛发高峰。

橘小实蝇取食葡萄

橘小实蝇卵

橘小实蝇幼虫

为害症状

为害阳光玫瑰

**图 6-42　橘小实蝇及为害症状**

为害虫道

性诱剂加黄板诱杀实蝇成虫

续图 6-42

3)防治方法

(1)转色前套袋。

(2)诱杀成虫　①水糖酒醋诱杀。水：红糖：酒：醋=1：3：1：6,制得糖液,用塑料瓶置树冠浓密荫蔽处与葡萄穗同高。②性诱剂黄板诱杀。亩 20～30 片。

(3)地面施药　于实蝇幼虫入土化蛹或成虫羽化的始盛期,用 90%敌百虫或 50%二嗪磷乳油 1000 倍液喷洒果园地面,每隔 7 天左右 1 次,连续 2～3 次。

### 6.3.7　白粉虱/霉烟病

1)症状

白粉虱聚集在叶片背面,呈现一片白色。它汲取叶片汁液,使叶片失绿黄化。白粉虱可将卵产在叶片背面,堵塞气孔,影响叶片发育。吸食口汁液外溢易长霉菌,白粉虱的分泌物也易生霉菌,严重时葡萄叶面大量霉菌堆积形成霉烟病(图 6-43)。

2)发生规律

白粉虱喜欢在温热荫蔽的地方聚集。随着气温的回升,其大量繁殖,首先在葡萄园的阔叶杂草上繁殖,逐步转移到葡萄树为害。白粉虱主要是棚室栽培的蔬菜虫害,现在宾川地区避雨栽培的葡萄园也普遍发生。

白粉虱

霉烟病

白粉虱引发红地球霉烟病

**图 6-43 白粉虱及为害症状**

3)防治方法

(1)合理密植,减少荫蔽,葡萄满架后及时清除幼芽嫩梢。

(2)葡萄生长季节清除园里的阔叶杂草,降低虫口基数。

(3)化学防治　在初发生时、虫口基数较少时用药,注意要早、晚用药,湿度大时白粉虱迁飞能力弱,喷药效果好。

防治白粉虱推荐用药:氟啶虫酰胺类、啶虫脒、吡蚜酮、矿物油。白粉虱要用复配剂加展着剂,例如 20%吡蚜酮·呋虫胺+40%有机硅 1000 倍液。

## 6.3.8 瘿蚊

1)症状

瘿蚊为害幼果形成畸形,解剖开里面有瘿蚊的幼虫或者虫蛹(图 6-44)。

2)发生规律

葡萄花期,瘿蚊产卵在花中,随着幼果生长取食果心,导致幼果畸形,羽化后成虫飞出。目前,瘿蚊发生没有明显的区域性,属于偶尔零星发生。

瘿蚊为害幼果致畸形

瘿蚊蛹

瘿蚊幼虫

瘿蚊成虫

**图 6-44　瘿蚊及为害症状**

3）防治方法

化学防治为主，结合蚜虫、蓟马防治，在初花期进行预防，防治蚜虫、蓟马就可以兼治。

防治瘿蚊推荐用药：醚菊酯、氯虫苯甲酰胺、吡虫啉、烯啶虫胺、氟啶虫酰胺、乙基多杀菌素、高效氯氟氰菊酯、啶虫脒。

### 6.3.9　鳞翅目害虫（青虫、条虫）

目前，发现为害葡萄的该类害虫主要有甜菜夜蛾、斜纹夜蛾、小菜蛾、吊丝虫、虎天蛾、凤蝶等。

1)为害症状

主要以幼虫取食叶片，有时也会取食花序、幼果等(图 6-44)。

2)发生规律

随着气温的回升，4 月份以后各种虫害相继发生，5—8 月为发生高峰。

尺蠖

地老虎

地老虎为害

棉铃虫幼虫

棉铃虫成虫

**图 6-45　鳞翅目害虫种类及为害症状**

条虫

条虫蛹

刚孵化的条虫

大幼虫

吊丝虫为害

毛辣子为害

青虫为害

**续图 6-45**

甜菜夜蛾为害

斜纹夜蛾大龄幼虫

斜纹夜蛾为害

续图 6-45

3)防治方法

(1)杀虫灯诱杀,性诱剂诱杀。

(2)加强田间观察,发生幼虫刚孵化出来时喷雾杀虫剂防治。

防治鳞翅目害虫推荐用药:甲基阿维菌素、氯虫苯甲酰胺、高效氯氰菊酯、醚菊酯。

### 6.3.10 蝗虫

1)为害症状

取食叶片造成缺口或者秃梢,严重的可吃完所有叶片与嫩梢,葡萄无法正常生长(图 6-46)。

图 6-46 蝗虫及为害症状

2)发生规律

每年发生 2～4 代,以成虫越冬,翌年 3 月中旬开始活动,5—8 月为发生高峰。

3)防治方法

早期虫口基数少时可采用人工捕杀，棚室栽培的地方可布置防虫网隔离。早晚用吡虫啉加高效氯氰菊酯喷雾防治。

防治蝗虫推荐用药：吡虫啉、阿维•噻螨酮、苦参碱。

### 6.3.11 天牛类害虫

1)为害症状

幼苗或者挂果树根部受害造成死树；成熟期为害果穗，造成烂穗(图 6-47)。

2)发生规律

1 年发生 1 代，以幼虫在土壤内越冬，成虫于 5 月上旬开始出现，6—7 月为羽化盛期，也是为害盛期；成虫的迁飞能力很强，一般能飞 5～30 米，最多能飞 50 米以上；具有假死性、趋化性、趋腐性、群聚性、趋光性。

天牛幼虫　　蔗根土天牛成虫　　天牛成虫

**图 6-47　天牛**

3)防治方法

(1)适时套袋。

(2)诱杀(捕杀)　①糖醋液诱杀。在成虫发生盛期，将白酒、红糖、食醋、水、90%敌百虫晶体按 1∶3∶6∶9∶1 的比例，配成糖醋液，放在树行间诱杀害虫。②细口径瓶诱杀。利用天牛成虫群集为害的特性，把细口瓶挂在果树上，适宜高度为 1～1.5 米，瓶内放入 2～3 个白星花金龟成虫，诱到半瓶以上时，倒出来集中销毁。一般情况下，每株果树上挂 2 个。③用丝网在来的方向捕杀。④幼虫采用毒土法捕杀。

防治天牛推荐药剂：高效氯氟氰菊酯、噻虫嗪、醚菊酯、啶虫脒。

### 6.3.12 双棘长蠹

1)症状

主要为害枝蔓，取食枝蔓形成若干隧道，虫粪多排于隧道内，部分排出，容易被发现。虫蛀入木质部后顺髓腔取食，树因水分运输障碍生长不良，严重者造成枝条枯死，主干遇风容易折断(图 6-48)。

双棘长蠹成虫　　蠹虫为害

**图 6-48　双棘长蠹及为害症状**

2)发生规律

双棘长蠹主要是随着山基土转移到葡萄园，为害呈小区域性发生，4—5 月发现开始为害，7—9 月多雨季节该虫为害明显减少。

3)防治方法

发现以后人工清除，同时药剂喷雾，敌百虫药棉堵洞。

防治双棘长蠹推荐用药：氯虫苯甲酰胺、高效氯氟氰菊酯、噻虫嗪。

## 6.3.13　叶蝉

1)为害症状

吸食叶片造成浅黄色斑块，严重的致叶片畸形，影响葡萄正常生长(图 6-49)。

2)发生规律

每年发生 3～4 代，以成虫越冬，翌年 3 月中旬开始活动，4—6 月为发生高峰。

叶蝉成虫

叶蝉为害症状

图 6-49　叶蝉成虫及为害症状

3)防治方法

结合防治蚜虫、蓟马就可以兼治。

防治叶蝉推荐用药：高效氯氟氰菊酯、吡蚜酮、啶虫脒、噻虫嗪。

### 6.3.14　葡萄根瘤蚜

葡萄根瘤蚜是世界范围的一种检疫性危险性害虫，曾对世界葡萄产业造成毁灭性打击。2005 年，继上海嘉定区马陆镇报道出现葡萄根瘤蚜后，2006 年，湖南怀化等地相继出现葡萄根瘤蚜为害；2015 年，葡萄根瘤蚜在广西兴安县溶江镇司门村首次被发现后，2016 年年初，对溶江镇葡萄产区进行普查，发现葡萄根瘤蚜的发生面积已超过 1.2 万亩。到 2021 年，葡萄根瘤蚜已在广西兴安县 3 个镇的普通产区均有发现，为害面积已达 2.718 万亩；2017 年，在河南洛阳也发现了葡萄根瘤蚜。目前，葡萄根瘤蚜扩散迅速，已严重威胁到我国葡萄产业的健康可持续发展。

1)为害症状

葡萄根瘤蚜主要为害根部。须根被害后肿胀，形成菱角形或鸟头状根瘤，虫子多在凹陷的一侧(不在根瘤内部而在外部)。侧根和大根被害后形成关节形的肿瘤，虫子多在肿瘤缝隙处。由于根部养分被刺吸和受害，根系吸收、输送水分和养分功能减弱，并且刺吸后的伤口会造成根系微生物的繁衍和侵入，导致被害根系腐烂、死亡，从而严重破坏根系对水分和养分的吸收、运输，造成树势衰弱，影响发芽、花芽形成、开花结果，严重时可造成植株死亡。葡萄根瘤蚜为害根，造成根系的腐烂和死亡，导致葡萄植株衰弱甚至死亡，是其构成毁灭性危害的原因(图 6-50)。

根部根瘤蚜(宋雅琴摄)

葡萄根瘤蚜为害侧根状(宋雅琴摄)

**图 6-50 葡萄根瘤蚜为害症状**

葡萄根瘤蚜为害主根状（宋雅琴摄）

被葡萄根瘤蚜为害后衰弱的葡萄植株（宋雅琴摄）

**续图 6-50**

2)防治要求

建立葡萄根瘤蚜分区管理制度，不同的区域采取不同的防治策略：将葡萄根瘤蚜已发生为害的乡镇划为疫区，疫区内对已发生葡萄根瘤蚜的葡萄园，建议农户进行改种非葡萄作物，如其他果树、粮食作物、蔬菜类等；如想继续种植葡萄，当年可先选用防效好的药剂防治，第二年春季种植抗葡萄根瘤蚜的砧木。未发生葡萄根瘤蚜的乡镇为非疫区，要严格控制疫区的苗木到非疫区，加强葡萄根瘤蚜宣传，同时为了葡萄产业未来的发展，要求非疫区的葡萄品种应逐步更换抗性砧木葡萄嫁接苗，如 $SO_4$，5BB 等。

对于新栽苗木，严格苗木虫害处理。可以采用以下方式处理。

(1)烟碱溶液或新烟碱类杀虫剂药液处理　如使用 10%烟碱乳油 200 倍液，浸泡葡萄苗木或枝条 5～10 分钟；另外新烟碱类杀虫剂吡虫啉、噻虫嗪、啶虫脒、烯啶虫胺类等可作为消毒药剂选择，药液使用浓度一般是田间防控蚜虫类害虫浓度的 1.5～3 倍，如 60%吡虫啉 2000 倍液、21%噻虫嗪 600～800 倍液、80%烯啶虫胺·吡蚜酮2000 倍液等，将枝条或苗木放药液中浸泡 10 分钟后，捞出晾干后调运。

(2)螺虫乙酯处理　使用 24%螺虫乙酯 800 倍液，浸泡苗木或枝条 15 分钟，捞出晾干。

(3)辛硫磷处理　使用 50%辛硫磷 500～1000 倍液(20℃)，浸泡苗木或枝条 15 分钟，捞出晾干后调运。

(4)敌敌畏处理　使用 80%敌敌畏 600～800 倍液，浸泡苗木或枝条 15 分钟，捞出晾干后调运。

葡萄根瘤蚜发生后，防治手段主要为化学防治。化学防治主要通过灌根处理，目前已筛选出对葡萄根瘤蚜效果明显的防治药剂，主要有吡虫啉、吡丙醚、噻虫嗪、辛硫磷、螺虫·毒死蜱等。根据葡萄根瘤蚜种群发生规律，可在 4 月份选用上述杀虫剂加促根水溶肥冲施，果膨大末期或转色初期再冲施 1 次，采完果后再冲施 1 次。3 次药剂冲施能基本保证当年正常结果，但防治成本略高。

### 6.3.15　鸟害

1)为害症状

葡萄成熟期小鸟啄食形成烂果，诱发酸腐病而烂穗(图 6-51)。

2)发生规律

葡萄转色期可溶性固形物超过 12%以后小鸟就开始取食。

3)防治方法

主要靠预防，及时套袋，需要拆袋上色的葡萄园铺设防鸟网。

烂果处醋蝇诱发酸腐病　　鸟害

图 6-51　鸟害引发酸腐病

## 6.4 病虫害规范防治措施

### 6.4.1 红地球葡萄生育期及各生育期病虫害防治措施

红地球葡萄生育期见图 6-52。

萌发期　　花序分离初　　花序分离末

开花前　　始花期　　谢花后

图 6-52　红地球葡萄各生育期

幼果8～12毫米　幼果14～16毫米　封穗期

硬核期　转色期　成熟期

落叶前　休眠期

**续图 6-52**

红地球葡萄各生育期病虫害防治措施见表 6-1。

**表 6-1　红地球葡萄各生育期病虫害防治措施**

<table>
<tr><th colspan="2">时期</th><th>措施</th><th>备注</th></tr>
<tr><td colspan="2">绒球期</td><td>3°Bé 石硫合剂或 45%丙环·苯醚甲环唑2000 倍液+矿物油 300 倍液清园</td><td>剥去老皮，防治介壳虫</td></tr>
<tr><td rowspan="4">发芽后至开花前</td><td>2～3 叶</td><td>70%甲基硫菌灵 750 倍液+40%吡蚜酮·呋虫胺 1500 倍液+55%氨基酸 600 倍液</td><td rowspan="4">一般使用 3～4 次杀菌剂和 1～2 次杀虫剂。蚜虫严重的，在花序展露期加用 70%吡虫啉 7500 倍液。发芽整齐的果园，省掉花序展露期的用药</td></tr>
<tr><td>花序分离</td><td>20%吡噻菌胺 750 倍液+20%咯菌腈 2000 倍液+17%硼酸钠 1500 倍液+5%甲基阿维菌素 1500 倍液</td></tr>
<tr><td>开花前</td><td>25%啶菌噁唑 1500 倍液+25%吡唑萘菌胺·苯醚甲环唑1500 倍液+10%醚菊酯 750 倍液+40%悬浮锌 1500 倍液</td></tr>
<tr><td>初花期</td><td>29%吡唑醚菌酯 1500 倍液+30%已唑醇·乙嘧酚 1500 倍液+50%氟定虫酰胺+10%啶虫脒+12%糖醇硼 1000 倍液</td></tr>
<tr><td rowspan="8">谢花后至套袋前</td><td>谢花后 2～3 天</td><td>20%吡噻菌胺 1500 倍液+40%腈菌唑 2000 倍液+40%乙基·氟虫腈5000 倍液+55%氨基酸 500 倍液</td><td rowspan="8">3 月份：注意监测，发现锈蜘蛛、红蜘蛛配 30%乙唑螨腈 3000 倍液；4 月份：注意监测介壳虫及时防治。上一年有介壳虫为害的葡萄园 4 月中旬普防一次，推荐用药：39.4%氟吡呋喃酮：螺虫乙酯 1500 倍液<br>低热区 4 月 20 日左右，温凉区 5 月 10 日左右加用一次 5%氯虫苯甲酰胺 1500 倍液<br>一般 5～6 次药剂，是全年防控重点；使用套袋前药剂后 8 天左右进行果穗整形，之后进行果穗处理，然后套袋；果穗处理药剂，可以处理果穗，也可以全园喷雾</td></tr>
<tr><td rowspan="2">小幼果期</td><td>29%吡唑醚菌酯 1500 倍液+30%已唑醇 1500 倍液+10%醚菊酯 750 倍液+20%氨基酸 500 倍液</td></tr>
<tr><td>16%多抗霉素 1500 倍液+20%戊菌唑 1500 倍液+24%阿维·氟啶虫酰胺3000 倍液【40%烯酰·氰霜唑 1500 倍液】</td></tr>
<tr><td rowspan="2">大幼果期</td><td>1.5%苦参·蛇床素750 倍液+16%多抗霉素 3000 倍液+5%金维林 1500 倍液或 30%乙唑螨腈 1500 倍液</td></tr>
<tr><td>20%吡噻菌胺 1500 倍液+40%腈菌唑 2000 倍液+72.2%霜霉威盐酸盐 600 倍液</td></tr>
<tr><td rowspan="2">封穗期</td><td>12.5%吡唑萘菌胺+12.5%醚苯甲环唑 1500 倍液+30%噻虫·高氟氯1500 倍液+70%咯菌腈 4000 倍液</td></tr>
<tr><td>43%吡唑·菌酰胺1500 倍液+40%苯醚甲环唑 5000 倍液+5%氯虫苯甲酰胺 1500 倍液</td></tr>
<tr><td>套袋前全园处理</td><td>1.29%吡唑醚菌酯 1500 倍液+11.8%甲维·唑虫酰 1000 倍液+30%苯醚·抑霉唑3000 倍液<br>2.20%戊菌唑 1500 倍液+20%吡噻菌胺 1500 倍液+25.5%异菌脲 750 倍液+5%氯虫苯甲酰胺 1000 倍液</td></tr>
</table>

续表 6-1

<table>
<tr><th colspan="2">时期</th><th>措施</th><th>备注</th></tr>
<tr><td rowspan="4">套袋后至采摘前</td><td>套袋后</td><td>19%丙环唑·啶氧菌酯1500 倍液。【30%氟吗啉或40%烯酰·氰霜唑或30%氟吗啉·氰霜唑各1000 倍液】</td><td rowspan="4">一般使用 2～4 次药剂，10 天左右 1 次；根据病虫害发生程度和天气情况进行调整<br><br>转色期喷多元微肥各一次</td></tr>
<tr><td>套袋后第二次</td><td>43%戊唑醇 2000 倍液 + 5%甲维盐 1500 倍液。【72.2%霜霉威盐酸盐、31%噁酮·氟噻唑吡乙酮 1000 倍液】</td></tr>
<tr><td>套袋后第三次</td><td>72.2%霜霉威盐酸盐 + 16%多抗霉素 1500 倍液 + 40%腈菌唑 1500 倍液</td></tr>
<tr><td>采收前</td><td>20%苯甲·戊唑醇1500 倍液 + 50%烯酰吗啉 1500 倍液 + 磷酸二氢钾 800 倍液</td></tr>
<tr><td rowspan="3">采收</td><td>采收期</td><td>80%波尔多液或者 40%烯酰·霜脲氰1500 倍液</td><td></td></tr>
<tr><td rowspan="2">采收后</td><td>自制波尔多液(硫酸铜：生石灰：水 = 1：0.7：100)</td><td rowspan="3">根据虫害发生情况，用 5%氯虫苯甲酰胺 1500 倍液或者 5%甲维盐 1500 倍液各一次</td></tr>
<tr><td>20 天后，自制波尔多液(硫酸铜：生石灰：水 = 1：0.7：100)</td></tr>
<tr><td colspan="2">休眠期</td><td>清园措施(修剪前 3°Bé 石硫合剂)</td></tr>
</table>

注：【】里面的药物属于调整药剂，病情严重时添加。

### 6.4.2 救灾措施

(1)花期出现烂花序　施用 25.5%异菌脲 750 倍液 + 3%噻霉酮 1500 倍液 + 12%糖醇硼 1000 倍液或者 10%苯醚甲环唑 1000 倍液 + 22%抑霉唑 1500 倍液 + 12%糖醇硼 1000 倍液。

(2)出现夜蛾类幼虫为害幼果时　发现有夜蛾类幼虫为害果实时，马上全园施用一次 5%甲维盐水分散粒剂 1500 倍液，5 天后用 1 次 5%氯虫苯甲酰胺 1500 倍液。

(3)田间发现白粉病　全园施用 1.5%苦参·蛇床素750 倍液 + 20%戊菌唑 1500 倍液；5 天后，施用 30%福美双 800 倍液 + 25%吡唑·苯醚1500 倍液。

(4)白粉病侵染果穗　用 29%吡唑醚菌酯 1500 倍液 + 40%腈菌唑 3000 倍液或者 37%苯醚甲环唑 3000 倍液浸(喷)果穗。

(5)一旦发生霜霉病　要施 2～3 次药才能解决。第一次用药：40%烯酰·霜脲氰1500 倍液 + 78%霜霉威盐酸盐 1500 倍液。3～5 天(3 天后但必须 5 天之内)第二次用药：35%丙森锌 1000 倍液 + 31%噁酮·氟噻唑吡乙酮1000 倍液。再 5 天后：30%氟吗啉 1500 倍液 + 47%烯酰·唑嘧菌胺1000 倍液。8 天后：进入正常管理。

(6)遇到连阴雨，打不上药时　如有霜霉病发病株(发病中心)，这时可用40%烯酰·氰霜唑1000倍液+47%烯酰·唑嘧菌胺1000倍液，单喷病株及其周围的葡萄树(喷后最好是把病叶摘除，带出田外集中处理)，只要有2小时不下雨，就能起作用，如叶面有水也可用来应急，雨后马上补救。套袋后严重发生霜霉病用自制波尔多液(硫酸铜∶生石灰∶水=2∶1∶100)均匀喷雾。应急措施不能代替正常防治。

(7)封穗后，发现白腐病果穗　先剪掉病果及病穗轴，再用20%戊唑醇·烯肟菌胺1500倍液+37%苯醚甲环唑3000倍液蘸果穗。

(8)发现果粒上有炭疽病的小黑点　用25%嘧菌酯1500倍液+37%苯醚甲环唑3000倍液蘸穗，如果是喷的话，要做到细致周到，病情严重的，把37%苯醚甲环唑用成2000倍液，用药后马上用海绵或抹布把穗下部的药滴吸干，以免有药斑。

(9)遇上冰雹或者大暴雨　对前几年有过白腐病的园子，在雨后尽快施用1次50%福美双1500倍液+37%苯醚甲环唑3000倍液+50%烯酰吗啉1500倍液喷雾。

(10)发现溃疡病感染果穗　剪除发病部位，用22%抑霉唑1500倍液+70%咯菌腈3000倍液浸果穗。如果溃疡病感染枝条，剪除发病较重的枝条，先用1次22%抑霉唑1500倍液+70%咯菌腈3000倍液，5天后再用1次50%福美双1500倍液+50%腐霉利1000倍液。也可使用70%咯菌腈3000倍液+22.5%异菌脲1000倍液全园喷雾。

(11)发生酸腐病　刚发生时：全园施用1次10%高效氯氰菊酯300倍液+80%波尔多液600倍液，然后尽快剪除发病穗，不要掉到地上，要用桶和塑料袋收集后带出田外，越远越好，挖坑深埋。田间有醋蝇存在的果园，在全园用药后，先在没有风的晴天时，用80%敌敌畏300倍液间隔3天喷地面两次(要特别注意施药时的人身安全)，待醋蝇全部死掉后，及时处理烂穗。随后，经常检查果园，发现病穗，随时清理出园，妥善处理。

辅助措施：可以糖醋液加敌百虫或其他杀虫剂配成诱饵，诱杀醋蝇成虫(为了使蝇子更好地取食诱饵，可以在诱饵上铺上破布等，以利于蝇子停留和取食)。田间醋蝇较多，防治难度大时，全园用药时加入50%灭蝇胺水溶型粉剂1500倍液。

(12)发生蓟马　用1次6%乙基多杀菌素1500倍液，5天后再用1次10%醚菊酯750倍液。

(13)发生木蠹蛾　先用1次5%甲维盐1500倍液，5天后再用1次5%氯虫苯甲酰胺1000倍液。

(14)发生白粉虱　39.4%氟吡呋喃酮·螺虫乙酯3000倍液+20%啶虫脒1000

倍液全园喷雾，清除杂草后铺上除草膜，再继续全园防治一次。

(15)螨类　第一次 30%乙唑螨腈 1500 倍液，5～7 天第二次 24%螺螨酯 3000 倍液。

(16)发生抗性蚜虫　40%吡蚜酮·呋虫胺1500 倍液或 39.4%氟吡呋喃酮·螺虫乙酯1500 倍液＋20%吡虫啉 2000 倍液。

# 参考文献


[1]刘凤弼，杨爱兵，赵健敏，等. 推行葡萄生产标准化，实现葡萄生产安全优质高效[J]. 河北林业科技，2015，8(4)：123-127.

[2]修德仁，高献亭，温秀云，等. 鲜食葡萄栽培与保鲜大全[M]. 北京：中国农业出版社，2004.

[3]刘凤弼，周灵，王康，等. 金沙江干热河谷红地球葡萄单幅式小拱棚避雨栽培技术[J]. 中外葡萄与葡萄酒，2011，3(2)：45-46.

[4]晁无疾，李德美. 设施葡萄无公害栽培关键技术问答[M]. 北京：中国林业出版社，2007.

[5]晁无疾. 红地球葡萄优质无公害栽培[M]. 北京：中国农业出版社，2004.

[6]陈锦永，顾红，崔东阳，等. 植物生长调节剂在葡萄生产中的应用[M]. 北京：中国农业出版社，2011.

[7]杨志明，张咸成，邱乾光，等. 四川彭山葡萄优质栽培肥水一体化管理技术与实践介绍[J]. 中外葡萄与葡萄酒，2016，8(5)：102-105.

[8]刘凤弼，代森鑫，赵健敏，等. 红地球葡萄富泰威水溶肥替代施肥试验初报[J]. 云南农业，2010，12(论文集增刊)：302-304.

[9]陈艳梅，刘凤弼，王丽萍，等. 宾川县红地球葡萄白粉病的发生规律与防治[J]. 中外葡萄与葡萄酒，2012，4(2)：47-48.

[10]王忠跃，刘凤弼，杨顺林，等. 云南省宾川县红地球葡萄病虫害防控手册[M]. 北京：中国农业出版社，2013.

[11]王忠跃，王世平，杜国强，等. 葡萄健康栽培与病虫害防控 [M]. 北京：中国农业科学技术出版社，2017.

[12]张承林，邓兰生. 水肥一体化技术 [M]. 北京：中国农业出版社，2012.

[13]刘爱玲，何建军，王磊，等. 设施栽培'峰后'葡萄营养元素和水分吸收规律研究 [J]. 果树学报，2012，29(5)：852-860.

# 附件1　云南干热河谷区葡萄单幅连棚降密提质促早熟栽培技术

云南干热河谷区，夏无酷暑，冬无严寒，光照充沛，土壤肥沃，是我国著名的农作物高产区，被称为“天然温室”。近年来，云南干热河谷区葡萄种植发展迅速，栽培面积近4万公顷。宾川县是云南省金沙江干热河谷区的典型县，是全国最大的早熟红地球葡萄生产基地，种植面积1.17万公顷。针对该地区特殊的光热优势，在葡萄生产上采用大“Y”形架模式栽培，通过整合简易大棚、避雨栽培、水肥一体化、“三带整形”、树相栽培、群体结构数字模式、病虫害规范化防治等栽培技术，提炼出了“葡萄单幅连棚降密提质促早熟栽培技术”，推广运用效果明显，效益突出，技术集成集约化生产效果明显，具有多元发展、协调发展、可持续发展等特征。

**1. 针对性和优越性**

1)针对性

该技术设计的单幅连棚是针对宾川坝和云南干热河谷区的低海拔区域葡萄栽培上冬春提温防寒和夏秋避雨防病、防冰雹来设计应用的。而降密提质是针对云南大多数农户葡萄种植中，行距小、密度高(700～900株/667米$^2$)，单篱架栽培，而提出扩大行距，提升架式，斜平枝条，完成“三带整形”，采用“Y”形架面来提高葡萄的外观色泽和内在品质。促早熟葡萄种植定位为相对海拔1650米以下河谷区，通过连棚防寒、破眠促早、提架降产等综合技术的应用，把成熟期从6—7月提早到4—6月(早熟品种4月下旬，红地球6月中旬)，不仅填补了我国和周边地区的鲜食葡萄市场空白，而且错开了本区域的7—8月的销售高峰期，实现错峰销售，获取高效益。

2)优越性

单幅连棚降密提质促早熟栽培技术可以扬长避短、发挥本地优势的优越性。通过应用该技术总结出十大优点。

(1)在海拔1650米以下区域实现葡萄极早熟栽培，不仅填补全国市场空白，还能实现错峰销售，能有效地缓解集中上市的压力，明显提高葡萄种植的经济效益。

(2)有利于葡萄标准化生产，通过架式的调整能够极大地提升葡萄的外观品质和内在质量，实现标准化生产。

(3)采用大"Y"形架的枝条布局，不仅能提高葡萄叶片的光合效率，还能从根本上解决云南葡萄产区严重的日灼和气灼问题。

(4)实现"三带整形"与避雨栽培的结合，明显地减轻病虫为害，可以减少30%农药用量，还能有效地减轻暴雨、冰雹等自然灾害的影响，为葡萄质量安全提供保障。

(5)通过采用平主梢、放副梢的树相栽培和半机械化操作，省工50%。

(6)扩行后进行间套种，能够解决粮经、水果争地矛盾，充分利用自然资源，进行复合种植，有效提高综合效益。

(7)通过扩行后的间套种，实施秸秆还田和深翻改土，逐步提高土壤有机质，解决葡萄园土壤有机质不足问题。

(8)改革架式后可以提高挂果高度，通过田间放草或者行间套种，利用不同作物对土壤养分需求不同的特点，有效降解土壤盐害。

(9)降低密度强壮个体，配套"水肥一体化技术"，可以节约化肥30%，能够有效解决"面源污染"的问题，保护农田环境。

(10)操作方便，不择地形，适应云南的特殊地貌，能有效地提高设施与土地的利用率。

**2. 技术要点**

单幅连棚降密提质促早熟栽培技术是集简易大棚栽培、避雨栽培、水肥一体化技术、"三带整形"技术、树相栽培、数字模式结构、病虫害规范化防治、土壤改良、间作套种等有机集成的标准化栽培技术。要做好该项技术的运用，必须全方位整体推进，认真抓好每一个环节，才能发挥该技术的优势，实现促进葡萄产业可持续性发展的目的。

1)新建标准园

全园土地整理后，认真规划机耕路、管沟线、电路、生产和生活用房，每亩准备20～30米$^3$有机肥用于土壤改良。按行距2.5～3米，开挖深40厘米、宽60厘米的定植沟，沟内用有机肥改良；采用2.5米水泥柱，5.0米间距建"Y"形架，第一条铁线高度1.0～1.4米；定植株距0.6～1.0米，定干高度1.2～1.4米(图1)。

2)老园改造

针对目前生产中行株距小、单篱架或单篱双臂架式的老葡萄园，采用隔行挖行或隔株挖株的办法来降低种植密度；在降密之前先要复壮树体，方能挖出；挖出后留下的葡萄树体于土表面处锯断，重新培养成独干树体，采用"Y"形整形，解决主干零乱、不易规范的问题。

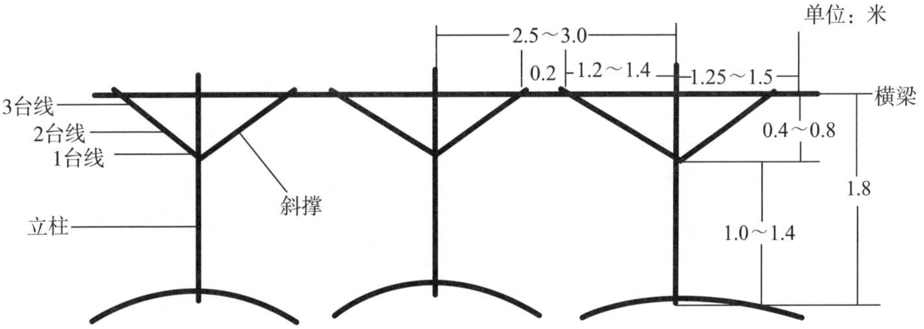


**图1　葡萄栽培大“Y”形架示意图**

3)滴灌的设施安装

滴灌是实施水肥一体的重要载体，一般按照葡萄园的地理环境和葡萄栽培密度进行安装。

4)群体数量设计

每亩留2500～3000枝，按2.5～3米行距计算，枝距15～22厘米，即亩挂2500～3000穗(早熟栽培的2000～2500穗)，单枝留60～80叶，叶片系数3.0～3.5，穗位下副梢抹除，穗位上副梢让其自然生长，超过6片叶不停长的副梢才摘心，主梢延长至架面顶部。两行之间留20厘米间隔。穗长20厘米，一枝一穗。每穗80～100粒，单粒重12～15克，单穗重1.0～1.2千克。

5)建棚技术

(1)时间安排　上年9—10月做好骨架，12月中下旬第一次扣棚，根据气温变化逐步全封闭，翌年3月撤出；后期成熟的葡萄或者搞二次果的进入雨季(6—9月)第二次扣棚，1～2次降雨后及时扣棚，此时只上顶膜，不上边膜。

(2)设计和安装

①单幅连棚的长度与葡萄墒长度一致，宽度跟架面叶缘位置相同，也可以设计用行距减去20～30厘米，拱棚净高在葡萄立架之上50～70厘米。在两幅单拱中间加一小幅平行膜或者白色遮阳网，把两个拱棚连接起来，四周每4米加一立柱做骨架，用白色遮阳网与塑料布封闭。这样，上下相连全田封闭，形成简易大棚。

②单幅连棚的拱棚构造。在横梁两边1.2～1.3米处固定边线，在立柱延伸的顶端0.5～0.7米高度固定中线，用3.8毫米的钢丝横向连接边线与中线形成拱顶，拱顶上覆盖薄膜生成拱棚，两个拱棚之间上一道网线，拉一幅小平膜(或者遮阳网)，下面再反扣一道网线固定小平膜，这样把拱膜固定连成一体(图2)。

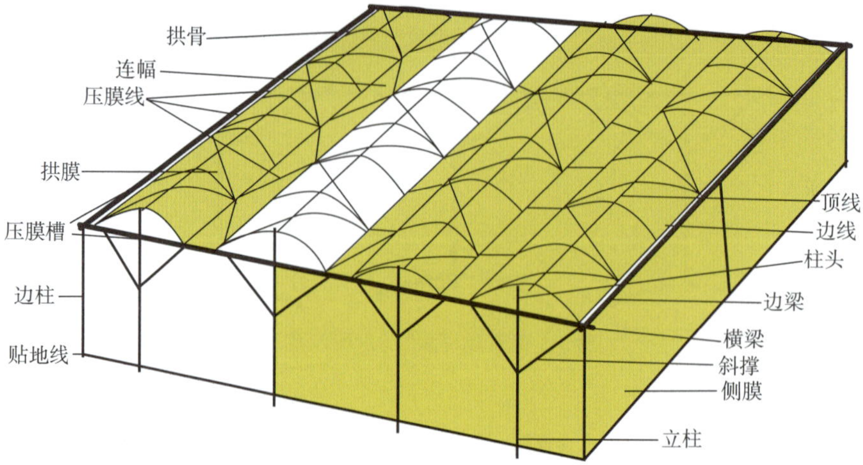


**图 2　单幅连棚示意图**

6）单幅连棚葡萄生产管理

（1）土壤培肥　根据葡萄园的地形进行土壤管理，按定植规格开挖宽 60 厘米、深 40 厘米的定植槽，定植槽底层回填 30 厘米的表土或树枝、秸秆，上面施入有机肥（圈肥 5 吨、草炭土 10～30 吨、农作物秸秆 3～5 吨），生土回填在最上层，墒型适度隆起。

（2）架式与整形设计（"三带整形"设计）　采用大"Y"形架设计，定干高度 1.2～1.4 米，"V"形上口宽 2.0～2.4 米。"三带整形"设置：通风带地面上 1.0～1.2 米，挂果带 1.0～1.3 米，生产带 1.2～1.8 米。要求立柱高 2.5 米，入土 50 厘米，架高 2.0 米。2.0 米高度用实心竹或钢管连贯立柱为横梁，在立柱 1.1 米处到横梁上一侧的 1.1～1.2 厘米处用实心竹或钢管连接，两边对称处理，形成"Y"形架面。

（3）幼树定干　"Y"字形定干：红地球葡萄的幼树 1.2 米高度处摘心，培养 4 个副梢斜平顺架型绑枝，作为挂果母枝，5～7 叶摘心一次副梢到架顶；阳光玫瑰、夏黑、克瑞森 1.2 米高处不摘心，只是弯曲平绑，副梢 4～5 叶摘心作为挂果母枝，副梢一次摘心后放梢到架顶。老园改造的在隔行挖出之后，同样以 1.2 米高度定干，用1.2～1.5 米花芽来形成产量，挂果梢呈扇形分布，枝条分布在两根铁线上。

（4）冬季修剪和破眠促萌　冬剪时，红地球长短结合，阳光玫瑰、夏黑、克瑞森 2 芽修剪，预留芽量为设计穗数的 2～3 倍，选 2000～2500 个挂果母枝。亩留 5000～7000 芽。在萌芽前25～30 天用 3%的单氰胺溶液涂抹挂果母枝上的冬芽，破眠促萌。为确保发芽整齐，低热区最好间隔 48 小时做两次涂抹。注意必须严格遵守用药量。

(5)果穗处理 红地球分穗期除去副穗，开花期根据花穗的伸长状态决定摘去穗尖的程度，设计穗长 20 厘米，花期前留穗长 10～14 厘米，圆锥形侧穗短的留 4～6 个侧穗，圆形侧穗长时留 2～4 侧穗去主穗尖，在生理落果结束时单穗留果 80～100 粒。克瑞森花前去副穗，生理落果结束梭形整穗，单穗留果 120～150 粒。夏黑、阳光玫瑰分穗期除去副穗，开花前根据花穗的伸长状态决定摘去穗尖的程度，花前留穗长 6～8 厘米，圆柱形整穗，侧穗留单层，夏黑单穗留果 80～100 粒，阳光玫瑰单穗留果50～70 粒。

(6)膨果 红地球葡萄，在幼果 12 毫米大小时，用赤霉素($GA_3$)10000 倍液＋苄氨·赤霉酸5000 倍液浸或喷果穗，8～10 天用丰产素(10 克)兑水 12.5 千克喷果穗。克瑞森葡萄幼果 12 毫米大小时，用赤霉素($GA_3$)10000 倍＋苄氨·赤霉酸5000 倍液浸或喷果穗。夏黑、阳光玫瑰葡萄，在谢花后 3 天时，用赤霉素($GA_3$)12.5ppm＋吡效隆 2ppm 第一次浸果，14～16 天后用赤霉素($GA_3$)12.5ppm＋吡效隆 5ppm 第二次浸果。

(7)套袋 在转色期前，采用白色防水袋，上口扎紧拉伸平顺。

(8)平衡施肥

①秋施厩肥 3～5 吨/亩或精制有机肥 2000 千克和平衡型控释配方肥 80～100 千克加大粒硼 600 克、大粒锌 400 克。

②萌发后 2 千克尿素加 1 千克高钙镁(N∶P∶K∶Ca∶Mg＝13∶3∶15∶8∶2)水溶肥滴施提苗，开花前根据苗势滴施或浇施平衡型(N∶P∶K＝20∶20∶20)水溶肥或者磷酸二氢钾 2 千克，谢花后施平衡型(N∶P∶K＝20∶20∶20)水溶肥 3 千克加高钙镁(N∶P∶K∶Ca∶Mg＝13∶3∶15∶8∶2)水溶肥 1 千克。

③幼果期(硬核期)施高钾型控释配方肥 80～120 千克。

④转色期高钾型水溶肥(N∶P∶K＝17∶9∶34)7 天一次，共 3 次，每次 3～5 千克。

⑤其余根据苗情用水溶肥适时调节。

⑥叶面补充：于采果后、3 叶期、开花前、谢花后 4 次叶面喷硼，开花前、谢花后 2 次叶面喷锌，开花前 1 次叶面喷铁肥，幼果期到成熟叶面多次喷施钙肥、镁肥、磷酸二氢钾、氨基酸等叶面肥。

⑦看叶果施肥：要达到树相平衡必须观察枝、叶、果的生长情况，当开花前出现节间过长、叶片大即长势旺的情况，要采取控肥水的方法调节；反之，长势弱时要稍加强肥水的使用量，达到基础树相，即节间长 8～10 厘米、叶柄 8～10 厘米，叶片宽度：红地球 12～15 厘米，夏黑、阳光玫瑰 25 厘米。

(9)水分管理　优先采用膜下滴灌技术，寡沙地配合使用莫宝保水剂3～5千克，与有机肥一起开沟施入。浇透促萌水，开花前适当控水，幼果期保持土壤湿润，转色期干湿交替，注意排涝。

(10)土壤耕作　葡萄园土壤除了种草免耕的外，必须每年翻耕2～3次，10—11月深翻晒田，5月浅挖促根(幼果期)，8月结合施秋肥开沟断根(采果后)。

病虫害防治规范见表1。

**表1　病虫害防治规范(简表)**

<table>
<tr><th colspan="2">时期</th><th>措施</th><th>备注</th></tr>
<tr><td colspan="2">绒球期</td><td>3～5°Bé石硫合剂</td><td></td></tr>
<tr><td rowspan="4">发芽后至开花前</td><td>2～3叶</td><td>40%氟硅唑8000倍液+70%吡虫啉7500倍液</td><td rowspan="2">防蓟马时杀虫剂间隔不要超过6天</td></tr>
<tr><td>花序展露</td><td>3%噻虫嗪5000倍液+70%甲基托布津800倍液+12%糖醇硼1000倍液</td></tr>
<tr><td>花序分离</td><td>40%腈菌唑4000倍液+5%甲维盐3000倍液+70%嘧霉胺2000倍液+40%悬浮锌1500倍液</td><td>发现螨类，加用1次3%阿维噻螨酮1500倍液</td></tr>
<tr><td>初花期</td><td>10%己唑醇1500倍液+70%嘧霉胺2000倍液+70%吡虫啉7500倍液+12%糖醇硼1000倍液</td><td>3%噻虫嗪3000倍液喷田间地头及田埂</td></tr>
<tr><td rowspan="5">谢花后至套袋前</td><td>谢花后2～3天</td><td>50%福美双1500倍液+50%腐霉利1000倍液+3%噻虫嗪5000倍液+40%悬浮锌1500倍液</td><td rowspan="3">3月底、4月上旬注意防治蓟马，用300倍液敌敌畏喷地面和田埂；6月上旬注意防治锈蜘蛛；发现白粉病启动救灾措施；有雨水时加霜霉病治疗剂；统防统治的果园间隔10天1次用药</td></tr>
<tr><td>上次药后10天</td><td>25%嘧菌酯1500倍液+37%苯醚甲环唑5000倍液+70%吡虫啉7500倍液+12%糖醇硼1000倍液</td></tr>
<tr><td>上次药后10天</td><td>50%福美双1500倍液+20%戊菌唑1500倍液+3%噻虫嗪5000倍液+14%糖醇钙1000倍液</td></tr>
<tr><td>上次药后10天</td><td>20%己唑醇3000倍液+5%甲维盐3000倍液+14%糖醇钙1000倍液</td><td rowspan="2">夏黑等早熟品种早套袋，套袋后及时按后面的部分调整用药</td></tr>
<tr><td>上次药后10天</td><td>25%嘧菌酯1500倍液+37%苯醚甲环唑5000倍液</td></tr>
</table>

续表 1

| 时期 | | 措施 | 备注 |
| --- | --- | --- | --- |
| 套袋期间 | 上次药后 10 天 | 10%己唑醇 1500 倍液＋70%吡虫啉 7500 倍液＋磷酸二氢钾 800 倍液。 | |
| | 上次药后 10 天 | 20%戊菌唑 1500 倍液＋6%噻霉酮 2500 倍液＋3%噻虫嗪 5000 倍液 | |
| | 上次药后 10 天 | 10%己唑醇 1500 倍液＋70%吡虫啉 7500 倍液＋磷酸二氢钾 800 倍液 | |
| 套袋后采收前 | 套袋后 | 80%波尔多液 500 倍液 | 有霜霉病时加 80%烯酰吗啉 1500 倍液 |
| | 10 天 | 40%腈菌唑 2000 倍液＋86%氧化亚铜 1500 倍液 | |
| | 10 天 | 86%氧化亚铜 1500 倍液 | |
| | 采收前 | 86%氧化亚铜 1500 倍液 | 采收期不用药 |
| | 采收后 | 波尔多液(1∶0.5∶200),间隔 20 天 1 次 | |

# 附件 2　水肥一体化灌溉系统建设规划要点

## 1. 水肥一体化概念

借助压力系统，将可溶性固体或液体肥料，根据土壤养分含量和作物的需肥规律和特点，配兑成一定比例的肥液，与灌溉水一起，通过灌溉系统将水肥均匀、按时、按量地供给每株作物。同时根据不同作物、不同生长时期的需水、需肥特点，以及土壤环境和养分含量状况，设计高效、合理、经济的灌溉方案（图 1）。

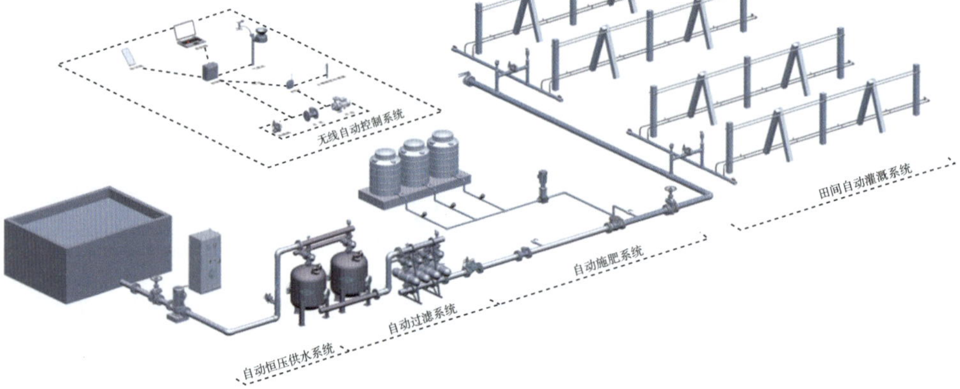


图 1　水肥一体化示意图

## 2. 蓄水池

1）作用

（1）缓冲　灌溉流量一般会大于水源供水流量，蓄水池缓冲两者之间的差值。

（2）曝气　井水水源中钙、镁、铁等离子含量高，接触空气后可产生沉淀，增加水体含氧量，同时平衡水体与环境的温度。

（3）预调水体指标（EC 值、pH 等）　建议对水体进行化验，了解水体参数指标，根据作物及用肥情况可提前对水体进行预处理（预调酸、水体软化、水体净降 EC 值等）。

2)蓄水池选址

(1)优先考虑地形情况,选择方便建设水池且无地质灾害的地方;

(2)结合电力情况,将灌溉蓄水池及灌溉泵房尽可能布置在园区中心交通方便、便于管理的位置;

(3)若园区需较大的蓄水池且又无法在园区中部建设,则可考虑将蓄水池拆分为大蓄水池和灌溉水池。大蓄水池根据地形情况选取,灌溉水池根据灌溉要求选取,两者之间配套一套供水系统即可。

3)蓄水池样式

(1)下挖土塘,铺设防渗膜式蓄水池(图1)

图1 简易小蓄水池

①优点:成本低,可蓄水容量不受限。

②缺点:a. 土地占用面积大;b. 不易做遮阳防尘处理,水质易变差;c. 灌溉水泵多为低位取水,若不采用特殊措施,则水泵效率很低且泵体损耗严重。

(2)组装式蓄水罐(池)(图2)

①优点:a. 土地占用面积小;b. 方便做遮阳防尘处理,灌溉水质不易变差;c. 水源一般高于水泵,水泵不存在负压供水,效率高、寿命久。

3)浇筑式蓄水罐

损坏农田,建设成本高,若无特殊情况,不建议建设。

图 2　组装式蓄水罐

**4. 容量计算**

(1)确定稳定且有保证的水源和供水流量(以最大用水时期为准)；

(2)确定最大用水时期一个灌溉周期整个园区的总用水量及灌溉系统流量；

(3)计算最大用水时期一个灌溉周期或一个供水周期内，水源能提供的总水量，这个水量必须大于总用水量，如不足，必须寻找备用水源，并满足总用水量；

(4)在总供水量满足总用水量的情况下，一个灌溉周期内的蓄水池容量=(灌溉流量－供水流量)×灌溉系统日最大工作时长×1.5，一个供水周期内的蓄水池容量=灌水总量×1.2。

[例 1]

某果园水源为井水，紧张时期的稳定供水流量为 30 米$^3$/小时，每天供水泵最多工作 20 个小时，果园面积 200 亩，最大用水时期，每亩灌水量 5 米$^3$，2 天灌溉一次，灌溉系统每天最大工作时长 8 小时。

一个灌溉周期内灌溉总用水量=200 亩×5 米$^3$/亩=1000 米$^3$

一个灌溉周期内供水总量=30 米$^3$/小时×2 天×20 小时/天=1200 米$^3$

总供水量大于灌溉总用水量，可不再增加备用水源

灌溉系统设计流量=1000 米$^3$/2 天/8 小时=62.5 米$^3$/小时

蓄水池最小容量=(62.5－30)×8×1.5=390(米$^3$)。

[例 2]

某果园水源为水利渠供水，紧张时期每个月供水 1 次，每次供水最多 3 天，果

园面积200亩，最大用水时期，每亩灌水量5米$^3$，2天灌溉一次，灌溉系统每天最大工作时长8小时。

一个供水周期内灌溉总用水量＝200亩×5米$^3$/亩×（30天/2天）＝15000米$^3$

蓄水池最小容量＝15000米$^3$×1.2＝18000米$^3$

蓄水池最小进/供水流量＝18000米$^3$/3天＝18000米$^2$/72小时＝250米$^3$/小时。

5)灌水器(滴头、喷头)选型

灌水器就是末端出水装置，如内镶式滴头(滴带、滴灌管)，外置打孔滴头，喷头有倒挂式微喷头，立式小型、中型、大型喷头等。

果园水肥系统中常用滴灌带和微喷灌两种，以下仅对这两种形式进行比较分析。

(1)滴灌带滴头及滴灌效果(图3)

**图3 滴灌带滴头及滴灌效果图**

①优点：可在成本较低的情况下，实现较高的系统均匀度，而且相对于微喷，滴灌带的压补成本要低很多；工作压力较低，系统相对简单，一般不需复杂设计；安装方便，施工成本低；可覆膜铺设，部分滴带可浅埋铺设；可提高水分利用效率，且与农事操作不冲突。

②缺点：土壤湿润范围受土壤类型、质地影响很大，需对土壤进行改良，尽量满足一个区域内土壤类型一致；单条滴带湿润范围有限，若需较大的湿润范围需铺设多条滴带；普通薄壁滴带易破损，维护成本高；滴带地面铺设，影响日常农事操作。

③滴灌带选型建议：

A.滴头间距。咨询相关技术人员，根据灌溉深度（根系活动深度）和土壤情况选取合适间距的滴灌带。一般建议滴头间距约等于灌溉深度即可，黏性土壤适当放大间距，沙性土壤适当缩小。

B.滴头流量。结合灌溉水源水质、过滤系统、肥料等情况选取相对较小流量的滴头，一般1.0～3.0升/小时。水源水质好、过滤系统完善、肥料水溶性好，滴头流量建议尽量选小流量。若水源水质较差、过滤系统较简单、肥料水溶情况差，易产生沉淀，滴头流量可适当放大。但滴头流量不宜过大，流量较大的滴头灌水速度容易超过土壤的入渗速度，导致地表积水，产生径流；实际灌溉深度不足，更易导致土壤板结及根系上浮。

C.滴带厚度。结合系统设计年限选择，滴带设计年限越久，越宜选取厚壁滴带，短季节和短期系统越宜选取薄壁滴带。

（1）微喷

①优点：湿润范围广，可适应多种类型土壤；毛管管壁较厚，不易破损；悬挂安装，不影响农事操作。

②缺点：微喷头对生产工艺要求更高，普通喷头的灌溉均匀度很低，且常规喷嘴损耗极易引起流量变化，因此常规喷头不适合作为水肥系统施肥；可满足均匀度的压补微喷头系统成本，较压补滴带高很多；系统工作压力较高，需考虑喷头各方面参数及喷头之间的组合，系统设计较为复杂；大部分材料需要人工组装，施工成本较高；喷头喷洒范围内不能被阻挡，会和农事操作产生冲突。

③微喷选型建议

A.类型。微喷头类型很多，一定要先确定微喷目的。降温加湿宜选用高压力、小半径、雾化型喷头，地面湿润补水宜选用大半径旋转喷头，灌溉水肥宜根据湿润范围选取合适湿润形状且高均匀度的喷头。

B.流量、喷洒半径。同滴灌一样，喷头流量在结合水源水质、过滤系统等情况下，尽可能选取小流量、大喷洒半径的喷头，以防产生地表积水径流。实际灌溉深度不足，会产生土壤板结及根系上浮等情况。同时喷洒半径也需结合所需湿润范围选择。

C.喷头布置间距。一般按照喷头的喷洒半径作为喷头布置间距（喷洒无死角，均匀度最高），再根据微喷目的、要求，适当放大和缩小布置间距。不同行的喷头采用交叉布置，均匀度最高。

D.葡萄园灌水器组合选型建议。

a.4条压补滴带水肥+1条常规微喷补水/降温：系统投入成本较低，压补滴带可以实现高均匀度的水肥供应，关键时期使用微喷补水加湿/降温加湿，长时间喷洒可实现土壤盐分淋洗作用。

b. 1条压补微喷水肥+2条普通滴带特殊时期补水：投入成本相对较高，压补喷头直接实现日常高均匀度的水肥供应，同时可以实现日常补水加湿功能，普通滴带在覆膜和控湿时期使用，可补充作物水分，满足基本均匀度。

c. 1套压补微喷水肥+2条压补滴带特殊时期补水：投入成本高，压补喷头实现日常高均匀度水肥供应和补水加湿功能，压补滴带在覆膜和控湿时期作为补充。

6）首部变频恒压系统

首部变频恒压系统：变频控制柜通过监测管道压力，自动调节水泵转速，从而实现管道系统恒定的压力输出功能，可有效降低系统压力波动，降低系统损坏情况；实现水泵流量大幅度输出变化，实现灌溉面积大幅变化，方便田间操作；变频器具有各种工况下的报警、保护功能，能有效保护水泵，防止水泵损坏。

7）首部过滤系统

离心过滤器：主要针对水体中含有较多粒径大于0.1毫米的沙粒，通过水体高速旋转产生离心力，将沙粒分离出来。

（1）沙石过滤　通过降低水体流速，经过较深的沙石层，拦截水体中杂质。同时，由于沙粒表层具有吸附作用，可以有效吸附水体中小颗粒杂质及细泥物质，针对地表水源及无遮阳除尘处理的蓄水塘水源具有很好的过滤作用。

（2）网式/叠片过滤器　具有高精度的过滤孔径，可有效拦截水体中残留的颗粒性杂质及沙石过滤器中磨损较细的沙粒，主要作为二级保护过滤。

8）首部施肥系统

施肥系统选型需明确轮灌组灌溉面积、最大施肥量、肥液配置比例、预留的施肥时间。根据以上信息计算系统的施肥流量，选取满足要求的施肥系统。①文丘里施肥器。需要主管较大的压力损失，针对小面积系统施肥，一般施肥流量0.3～2米$^3$/小时。②不锈钢注肥泵。不需要损失主管压力损失，不影响主管灌溉情况，可针对不同面积的系统施肥，流量2～20米$^3$/小时。③旁路式施肥机。可实现多种不能混合肥料的同时施肥，也可实现多种配方自动切换施肥，还可监测并调节注入主管后水肥的EC值、pH，一般每个通道流量400～1000升/小时。施肥机造价较高，对肥料的溶水纯度要求较高。

9）自控系统

（1）常规灌溉控制器

①功能：a. 阀门远程开关；b. 编制的阀门运行程序手动运行（按照时间运行）；c. 编制的阀门运行程序定时自动运行（按照时间运行）。

②优点：系统简单，操作方便，对操作人员文化素质要求低；系统成本低；减少人工成本，提高人员效率；提高灌溉精度，减少人员操作疏忽带来的影响。

(2)高级专业灌溉控制器　功能：①阀门远程开关；②编制的阀门运行程序手动运行（按照时间/灌水量运行）；③编制的阀门运行程序定时/条件自动运行（按照时间/水量运行）；④控制1到多个施肥设备，通过监测各通道施肥量，实现自动施肥功能。

10)系统重要度顺序

(1)水源、蓄水池　按照前面水量计算，尽可能多地富裕系统水量。没有充足的水源保证，再好的灌溉系统也是摆设。

(2)主、支管道及相关附件　在科学的灌溉设计中，这部分成本占比不高(20%～30%)，但维修和改造成本极高，而且它要直接承受整个系统中的最大的压力波动，直接决定了配套的首部变频系统的选型，一定要选用高质量的材料及配件。

(3)变频恒压供水系统　作为系统的心脏，供水是否充足且稳定，直接影响了整个系统的运行效率和稳定性。

(4)注肥系统　按照农艺要求、日常用肥情况，配套系统要稳定、操作方便，满足要求的施肥系统。施肥系统成本占比很低，但日常使用频率很高，其是否方便、高效，直接影响农事管理进度，同时还会影响灌溉系统运行情况。

(5)田间压力调节阀门（减压阀、泄压阀、组合空气阀）　减压阀能够有效保护小区支管、毛管及灌水器运行安全，防止末端冲脱及破损，同时还可以调节小区入口统一压力，提高系统均匀度。泄压阀可以有效保护主管道运行安全，防止主管破损。组合空气阀能够在系统启动及运行时有效排出管道内空气，提高管道输水效率，同时在系统停止时快速吸入空气，保护主管和灌水器。

(6)过滤系统　根据水源情况配套合适的过滤系统，可以有效保护田间灌水器。若过滤系统不完善，田间再好的灌水器，一旦发生堵塞即会造成巨大的浪费和灌溉均匀度降低。

(7)灌水器　尽可能根据设计选取高性能的灌水器，它是影响系统均匀度的基础因素，同时也是系统设计的基础。

(8)自控系统　在以上系统完善的基础上，结合现场操作人员的系统操作水平，再配套稳定可靠的自控系统。控制系统应该是锦上添花的，不能成为画蛇添足的累赘，在基础系统配套不完善或人员操作水平不清楚的情况下盲目上自控系统，只会增加系统运行难度和不稳定性，反而容易导致系统运行瘫痪。

# 附件3　宾川地区葡萄促早熟栽培技术流程

促早熟栽培是低热区具备一定设施条件下的葡萄园，采用早破眠促萌，实现早熟上市的栽培技术。早期低温会给促早熟栽培造成巨大的减产减收风险，所以只提倡适当提前。关键点：①冬剪；②清园；③破眠；④定枝；⑤整穗、整梢；⑥施肥；⑦整穗定粒；⑧膨果；⑨定枝叶；⑩套袋；⑪上反光膜、喷着色剂、控梢；⑫主要病虫害防治；⑬采果。

**1. 秋季管理**

1）排水、控梢、施好复壮肥

（1）水分管理　由于宾川地区红地球葡萄采果期正是丰雨季节，因此水分管理以排水为主，排灌结合，保持田间沟渠通畅，垄间无积水。

（2）疏枝　根据田间枝叶量，调整架面枝叶分布，保证通风透光。所谓疏枝主要是疏除后期生发的细弱枝、定枝失误的高位枝、过密枝以及病虫枝，保证阳光透过叶幕，有零星阳光下透。

（3）控梢　秋季雨水过多，顶芽易抽发，抽生的新枝易感染霜霉病、白粉病，并且易发生蓟马、小菜蛾等虫害，病原基数和虫口基数增加，造成病虫集中为害，因此对抽发的新芽应及时抹去。

（4）巧用复壮肥　一是采果后叶面喷施磷酸二氢钾500倍液，能有效提高冬芽的营养储备。二是根部滴施磷酸二氢钾3～5千克＋尿素5千克，可迅速恢复树势，达到叶片回绿。

2）病虫害防治

葡萄采收后病虫害的防治非常重要，但往往被忽视。首先，葡萄采收后，枝条需要充分老熟，枝蔓和根系需要营养的充分积累，所以采收后必须保证大部分叶片健康，保证正常的生长。其次，葡萄采收后防治病虫害，会减少病虫害的越冬基数，特别注意监测锈蜘蛛、红黄蜘蛛；8月底、9月初要进行钻心虫防治，为第二年的病虫害防治打下基础。

在这个时期要重点防治霜霉病、白粉病、钻心虫、蓟马、螨虫。发生蓟马，用一次6%乙基多杀菌素1500倍液；预防钻心虫在8月底、9月初，先用5%甲维盐

1500 倍液，7 天后再用 5%氯虫苯甲酰胺 1500 倍液；发生白粉虱，用 39.4%氟吡呋喃酮·螺虫乙酯3000 倍液一次；发生螨类，先用 30%乙唑螨腈 1500 倍液，5～7 天后再用 24%螺螨酯 3000 倍液。

3）松土、重施秋肥

在 7—8 月采收后进行，抓晴好天气进行中耕松土，深度 10～15 厘米，刺激根群大量产生，同时进行秋肥施用，有利于地上部的营养向地下部转移积累。另外，秋雨时节杂草生长很快，主要采取人工除草，或者覆盖除草布除草，除草剂会伤害葡萄根系和影响葡萄叶片的光合作用，降低枝条和冬芽营养的储存。

秋季基肥是葡萄周年管理中最重要的一次施肥，应在采收结束后及时施用，因为此时气温尚高，土壤微生物活跃，根系迎来第三个生长高峰，叶片光合作用尚强，尽早施用有利于肥料的分解和根系的吸收，叶片可制造更多的有机营养回流储藏，为葡萄的安全越冬及来年的开花结果打下良好基础。

秋肥施用量应占全年施肥总量的 1/3。建议在采收后及时松土补肥，墒面松 10 厘米深，侧面距葡萄树主干 30～50 厘米处开 20～30 厘米的深沟施入。配方：每亩用控释肥或复合肥 40～50 千克，生物有机肥 120～200 千克＋土壤调理剂 100 千克＋锌肥 400 克＋硼肥 600 克＋镁肥 5 千克，将肥料均匀撒入沟中并覆土。

**2. 冬季管理**

1）冬季修剪

宾川地区由于立体气候明显，而破眠促萌后要避开霜冻冷害或者设施防寒。冬剪时间以使用破眠剂的时间前推 20 天为宜，修剪后进行田间清理，剪后 15～20 天破眠。冬剪时，修剪方法分两种情况：篱壁架式的结果母枝采用中长枝（4～5 芽）与短枝（2～3 芽）为 2∶3 的比例进行修剪，“7”字形架与“一”字形架 2～3 芽短枝修剪，亩留 2000～2500 枝，每枝留 2～3 芽，即 4000～7500 芽。

2）清园

葡萄清园能有效地减少病原基数和虫口基数，为第二年的病虫害防治打下良好基础，减轻防治压力，葡萄园一定要认真做好清园工作。

（1）药剂清园　病害严重的园子在修剪前 5 天进行清园，建议配方：45%苯甲·丙环唑1500 倍液＋17%氟吡呋喃酮 1500 倍液。病虫害轻的园子此时期不用药剂清园。

（2）清除田间枝蔓、杂草、杂物、病果等　葡萄冬剪结束后，将剪下的所有枝条和早落的病残枝叶、成年树干上剔除下来的老皮等收集破碎，堆沤发酵，重新做肥料使用；将当年绑蔓的线或绳等废弃杂物收集起来，集中烧毁，以减少越冬病源和虫源。

3)点芽促萌

(1)促萌时间　12月中旬破眠。

(2)促萌方法　使用50%单氰胺破眠,采用两次破眠法:枝条喷清水后涂抹50%单氰胺14倍液,间隔2～3天再用50%单氰胺16倍液喷芽一次,隔2天再清水喷雾一次。

(3)灌促萌水　涂抹破眠剂前1～2天,滴一次透水,配合滴灌水每亩施尿素3千克+生根液5升。

4)冬季设施增温

(1)地膜　冬剪前15天覆盖地膜,覆盖地膜前15天松土,要求墒面松土8～10厘米,沟心挖松15～20厘米。采用膜下滴灌技术,破眠前浇一次透水后,适当控水。冬至到立春用白色透明膜覆盖墒面,其他季节采用银灰反光膜或除草膜。地膜覆盖在前期可减少水分蒸发,节约成本,雨季可降低空气湿度,减轻病害。

(2)棚膜　顶棚需先拉防雹网,再拉透明薄膜。天沟也要用薄膜封住。

(3)围边　围边需要拉设边膜和防风网,围边要求密封性好。

(4)熏烟准备　遇到极端天气,气温较低时,需要熏烟。熏烟要求:棚要封严、烟堆在上风口、烟堆下干上湿、不能出现明火,管好火堆,严防火灾,熏烟时间为早上2～8点。

**3.春夏管理**

1)开春撤棚通风

开春随着棚内温度逐步升高,要及时通风降温。建议气温超过32℃时完全撤去顶膜。

2)幼果期管理

(1)定枝、定叶、定果　定穗工作从选穗开始,以每亩2500～3000枝,每枝留40～60叶,红地球每穗60～80粒果,克瑞森120～150粒果,阳光玫瑰50～70粒果。

(2)膨果

①时期:红地球谢花后25～30天(幼果横径1.4～1.6厘米),克瑞森谢花后15～20天膨果,阳光玫瑰花前修穗,谢花后保果,保果后4～18天膨果。

②注意事项:先施肥灌水,再进行膨果,加强肥水管理,进入雨季要及时清沟排水;膨果时注意理穗,摘除挡穗叶片;只提果把,尽量手不碰果,严格程序,注意预防日灼和气灼。

(3)病虫害防治

①小幼果期:29%吡唑萘菌胺·嘧菌酯1500 倍液+37%苯醚甲环唑 3000 倍液+乙基多杀菌素 2500 倍液+40%悬浮锌 1000 倍液;

②幼果期:50%吡唑醚菌酯 1500 倍液+30%乙醚酚 1500 倍液+22%噻虫·高氯氟3000 倍液+40%烯酰氰霜唑 1500 倍液。

③大幼果期:20%戊菌唑 1500 倍液+16%多抗霉素 3000 倍液;或 70%吡虫啉 5000 倍液+50%吡唑醚菌酯 1500 倍液+10%糖醇锌 800 倍液。

④封穗期:20%苯醚甲环唑·抑霉唑1500 倍液+30%己唑醇 2500 倍液+60%乙基多杀菌素 2500 倍液。

⑤套袋前:20%戊菌唑 1500 倍液+50%异菌脲 750 倍液+5%氯虫苯甲酰胺 1000 倍液。

从谢花后到套袋前,一般使用 5～6 次药剂,是全年防控重点,使用套袋前药剂后 8 天左右进行果穗整形,之后进行果穗处理,而后套袋;果穗处理药剂,可以处理果穗,也可以全园喷雾;注意监测,发现锈蜘蛛用 25%螺螨酯 3000 倍液防治。

(4)肥水管理　①每亩施用含腐殖酸水溶肥 5 升+高氮肥水溶肥 5 千克+氨基酸钙镁 3 升;②7 天后,每亩施用含腐殖酸水溶肥 5 升+微生物菌剂 5 升+平衡型水溶肥 5 千克,③7 天后,每亩施用平衡型水溶肥 5 千克。根据长势情况,酌情调整氮肥用量。

3)硬核期管理

葡萄幼果经过 40～50 天的生长完成了第一个膨大期,果面的绿色开始变淡,逐渐开始出粉,这个时期大约 30 天,长籽不长个。种子变硬的时期称为“硬核期”。此期管理主要包括三方面:一是及时抹除后发的备用副梢,二是及时调整架面到顶发出的新梢,既要补齐补满架面,又要控旺长,促长果。三是选晴好天气,在硬核期或硬核期末及时套袋。

(1)肥水管理　①每亩施用含腐殖酸水溶肥 5 升+中钾型水溶肥 5 千克+微量元素肥 100 克,土壤 pH 偏低的单独用一次碱性硅肥 2～3 升,调整土壤 pH,以免土壤过酸,影响膨果关键期对中微量元素的均衡吸收;②7 天后,每亩施用中钾型水溶肥 5 千克+氨基酸钙镁 5 升,促进膨果转色。

(2)病虫害防治

①套袋前:全面喷施 1 次 29%吡奈·嘧菌酯1500 倍液+40%乙基多杀菌素 6000 倍液+20%苯醚甲环唑·抑霉唑1500 倍液。要做到当天喷药、当天套袋,即待药液干后,即行套袋;要选择早晚套袋,避免中午暴晒时套袋,造成烂果。套袋后每隔 15～20 天抽样检查 1 次病虫的发生情况,若发现病虫则应摘袋防病虫后,重新

将袋套上。

②套袋后：80%代森锰锌 600 倍液+30%己唑醇 1500 倍液+5%氯虫苯甲酰胺 1000 倍液+40%烯酰·氰霜唑1500 倍液。

③上一次药 15 天后：19%啶氧·丙环唑1500 倍液+10%糖酸钙 800 倍液+50%烯酰吗啉 1500 倍液。

④上一次药 15 天后：80%波尔多液 600 倍液+40%腈菌唑 1500 倍液+70%啶虫脒 1000 倍液。

(3)套袋　宾川地区种植的葡萄一般建议在硬核期套袋，采用纸质柔软、防水、透气的白纸袋，纸袋选大一号，利于空气流通，减少烂果。由于宾川地区紫外线较强，容易产生日灼、气灼，对叶幕好、能遮蔽果穗的可直接套袋，会被太阳直射的果穗要打成伞袋。套袋前要清除果穗中的杂物与问题果(裂果、病果等)，套袋时首先拉伸葡萄袋，打开上下口，上口捆扎时采用鱼鳞状包裹扎紧，达到不渗水，下口打开透气。注意：太阳直射到的果穗先打伞袋防止蒸袋。

4)增糖着色期管理

(1)树相调控与增糖上色　继续进行旺梢管控，控梢促长果，适时检查袋里果实发育情况，注意高温影响。有少量果粒开始着色时，将袋的下边全部打开，使其充分着色。转色期是营养由叶片向果实转移的关键时期，如果树体营养不足或者营养主要促进枝叶生长，则容易导致果实营养不足而产生干筋、软果、掉粒、溃疡等现象，所以必须进行土壤酸碱度调理和配套生根措施。

高温条件下，葡萄容易出现上糖不上色的情况，因此在果面叶绿素消退 50%时，配合施肥，根部滴施 5%诱抗素 250 克/亩，可溶性固形物含量达 12%～13%时就要及时跟进提色措施。

(2)肥水管理　葡萄皮色发亮，叶绿体逐渐消退，发白转色这一阶段，采用干湿交替的水分管理，调查土壤 pH 与 EC 值，发现数值偏离正常范围要及时调整。可用碱性肥、生物菌肥、海藻液硅等调节土壤 pH 与 EC 值。

①30%上色到成熟时，每亩施用氨基酸钙镁 5 升+中钾型水溶肥 5 千克；②7 天后，每亩施用氨基酸钙镁 3 升+高钾型水溶肥 5 千克，促进果实转色，提高植株抗逆性；③7 天后，微生物菌剂 5 升+液体钾 5 升。叶面喷施磷酸二氢钾 500 倍液。高温期水分需求量大，用水量要增加 2～3 倍。

(3)病虫害防治　转色期进入雨季，应注意及时清沟排水，避免积水沤根，田间湿度过大，容易感染霜霉病，可选用氰霜唑、铜制剂、波尔多液等保护性药剂提前预防。

①43%戊唑醇 2000 倍液+5%甲维盐 1500 倍液+80%波尔多液 600 倍液；

②15 天后，5%乙唑醇 1500 倍液+80%波尔多液 600 倍液。

5)成熟上市期管理

(1)肥水管理　①每亩施用高钾型水溶肥 5 千克+磷酸二氢钾 3 千克；②7 天后，再施用高钾型水溶肥 5 千克。

(2)适时采收　葡萄色泽艳红，可溶性固形物含量达到 16%时，即可开园上市。采收后的管理建议包括松土、施肥、保叶，即秋季管理的核心。

(3)病虫害防治　采收期已进入雨季，要严格控制霜霉病，增强叶片功能，防止叶片早落。上次打药 15 天后，用 90%矿物油 200 倍液+0.5%伊维菌素 1000 倍液+70%烯酰·霜脲氰1500 倍液，再次防治。

# 附件 4　宾川县葡萄间套种栽培技术

宾川葡萄主要生长期是 2—8 月，9 月到翌年 2 月，整整 6 个月的时间处于休眠与休闲期，8—11 月又是宾川温度、水量、光照较好的时段，同时，宾川也是冬早蔬菜生产的老区，生产技术成熟，自然条件优越。多年的实践表明，利用葡萄休闲与休眠季节进行蔬菜间套种，不仅可增加经济收入，还能够通过间套种蔬菜调理葡萄园的土壤养分结构，达到改良土壤的效果。特别是白尔巴泥的葡萄园，通过套种玉米能够明显缓解缺铁症状；蔬菜吸收了葡萄剩余的化肥，蔬菜采收后的部分枝叶与根系可增加土壤有机质。需要注意的几个问题：一是蔬菜长起来以前，葡萄要喷波尔多液进行保叶；二是不适于种植高秆大树型品种，蔬菜高度不要超过葡萄架。三是不种植与葡萄共生严重病虫害的植物。同时，要发挥本地气候优势与市场优势，种植方便与易销售的品种。目前，宾川葡萄间套种主要推广模式有葡萄/无筋豆、葡萄/贡菜、葡萄/大蒜，其他的如豌豆、蚕豆、黄豆、甘蓝、花菜、青菜、白菜等可以小面积发展。番茄、辣椒建议选择好品种和销售市场，最好有订单再发展。此外，也可发展种植马铃薯、红薯。本书重点介绍葡萄/无筋豆、葡萄/贡菜、葡萄/大蒜的间套种种植技术。

**1. 葡萄套种无筋豆生产技术**

无筋豆种植主要适于温凉区，葡萄霜霉病发生严重，所以在无筋豆上架前，葡萄叶面要喷施 2 次波尔多液。

1）品种选择

选择优质、丰产、商品性好、适于秋播的品种，主要有‘红玉’‘红宝石’‘红帅’‘黑宝石’。

2）整地

一般采用免耕种植，如墒土过于板结，播种前需适当浅锄松土。

3）播种

（1）播种时间　7 月中旬至 8 月上旬。要认真把控种植时间，过晚会影响次年葡萄生产。

（2）种植密度　葡萄架式为单篱架的，每墒种植一行，葡萄架式为“Y”形架的，每墒可种植两行，株距(穴距)30～40 厘米，每穴播种 2～3 粒，播种位置距葡萄根茎部位 20 厘米以上。

4)中耕管理

一般不需耕锄，田间杂草手工拔除。如墒土过于板结，可适当浅锄。

5)水分管理

一般不提倡沟灌。苗期至第一花穗前要控水蹲苗，以后由于无筋豆生长较快，需水量大，一般需 3～4 天滴水一次，每次 30～60 分钟。

6)肥料管理

播种前无须施底肥，第一次采收前一般也不需施肥，开始采收后每采收 2～3 次(10 天左右)追施一次肥料，施肥量为尿素 2～3 千克＋磷酸二氢钾 1～2 千克＋复合肥 1～2 千克。

7)植株管理

植株开始甩蔓时要注意及时引蔓，第一花穗下的侧蔓要全部抹去，主蔓长到与葡萄植株顶部持平时摘心，中部的侧枝可以在结荚后进行摘心。及时去除老、残、病叶，及时理顺豆荚，过度遮挡豆荚的叶片、过密叶片要及时摘除。无筋豆出苗后葡萄还未采收完的田块，对葡萄进行病虫害防治与喷叶面肥处理时，要尽量避免将药液喷洒在无筋豆植株上，特别是喷植物生长调节剂不要喷到豆秧上。

8)病虫害防治

无筋豆主要病虫害有根腐病、锈病、炭疽病、豆野螟、豆荚螟、蚜虫、条虫等。

(1)根腐病　可在播种前用多菌灵进行土壤消毒。发病初期可用噁霉灵＋甲基托布津灌根。

(2)炭疽病　可用甲基托布津、百菌清或代森锌等药剂喷雾防治。

(3)锈病　可在发病初期用百菌清、三唑酮、代森锌等药剂交替防治。

(4)豆野螟、豆荚螟　可用高效氯氰菊酯、甲维盐、BT 乳剂等药剂防治。始花期和盛花期是防治的最佳时期，重点喷施花、蕾、嫩荚密集部位。

(5)蚜虫、条虫等虫害　虫害发生期间可用吡虫啉、溴氰菊酯、氯虫苯甲酰胺等药剂防治。

9)采收

当嫩荚已饱满，而种子痕迹尚未显露时，为采收适期。开花后 6～8 天即可采收嫩荚，一般 2～3 天采收 1 次。若不及时采收，会造成豆荚老化、品质降低，同时影响继续开花结荚。

**2. 葡萄套种大蒜生产技术**

由于大蒜的生育期较长，搞葡萄早熟栽培的区域不建议在葡萄田套种大蒜。

葡萄对大蒜适当遮阳，减少了紫外线，有利于早熟大蒜的生长。

1)品种选择

选择经规范冷处理的'温江红七星'或其他早熟大蒜品种。

2)整地

浅锄墒面，疏松土壤，清除葡萄残体和杂草，在两行葡萄之间清理一条宽30厘米、深20厘米的沟，在沟两侧套种2墒大蒜；也可根据葡萄行距，在行中间做墒，两边留30厘米宽的浅沟，套种1墒。每亩用50%多菌灵1～2千克＋辛硫磷颗粒剂1～2千克，拌细土撒施于墒面，以杀灭地下病菌和害虫。

3)种蒜处理

(1)种蒜选择与分级　精选具有本品种特性、整齐饱满、无病斑、无霉烂、无虫蛀、无机械伤、顶芽未受伤的蒜瓣，按大、中、小分级，分别播种。

(2)浸种、拌种　播前用50%多菌灵可湿性粉剂500倍液浸种30分钟，捞出滤干。

4)播种

(1)播种时间　8月中旬至9月上旬。

(2)种植密度　葡萄遮阳较好的田块，独蒜率较高，种植密度可适当加大，株行距以8厘米×11厘米为宜，遮阳条件较差的田块以10厘米×12厘米为宜。行间开沟两侧种植的，最靠近葡萄的一行大蒜播种位置距葡萄根茎部位20厘米以上。

(3)播种深度：6～8厘米。

5)中耕管理

大蒜退母期后，视田间杂草情况和墒土板结情况，可适当浅锄。

6)水分管理

一般不提倡大水漫灌，以水分浸透墒面为宜。出苗至退母期要保持土壤湿润，退母结束后适当控水，鳞茎分化至蒜薹采收期间要保持土壤水分，成熟采收前适当控水，以免蒜皮腐烂。

7)肥料管理

播种前无须施底肥。整个生育期根据大蒜的需肥特点及长势，可追肥3次。第一次于退母期(4～5叶)，以氮肥为主，亩施尿素5～8千克(根据田间长势，可不施)；第二次于鳞茎膨大期(6～7叶)，亩施尿素3～5千克，硫酸钾型复合肥(15∶15∶15)10～15千克；第三次于蒜薹露苞时，亩施硫酸钾型复合肥(15∶15∶15)10～15千克。滴灌和喷灌田块可适当降低用肥量。

8)病虫害防治

主要防好葱蓟马、葱蝇、叶枯病、紫斑病、软腐病、白腐病。

(1)葱蓟马　当田间虫口基数达到防治指标时，用高效氯氰菊酯乳油、阿维菌素乳油、吡虫啉、乙基多杀菌素等药剂交替防治。

(2)葱蝇　退母期保持一定土壤湿度；成虫及初孵幼虫可用敌敌畏、氯氰菊酯等药剂防治；出现蛆害株可用敌百虫或辛硫磷等药剂灌根。

(3)大蒜叶枯病、紫斑病　发病初期可用百菌清、苯甲·醚菌脂、锰锌·甲霜灵等药剂交替防治。

(4)软腐病　避免田间积水，避免氮肥过量施用；发病初期可用氢氧化铜可湿性粉剂、春雷·王铜、腐霉利等药剂防治。

(5)白腐病　引种要避开有白腐病发生的区域；播种前进行种子消毒；避免漫灌；发病初期用菌核净、枯草芽孢杆菌、腐霉利等药剂交替防治(最好灌根)。

9)适时采收

(1)蒜薹采收

在蒜薹花序的总苞伸出叶鞘 10～15 厘米，蒜薹顶部开始弯曲时及时采收。采收时选晴天下午或阴天，待露水干后进行。采收时要尽量避免假茎伤口过大，造成植株倒伏。

(2)蒜头采收

大蒜基部叶片陆续枯黄，假茎松软时即可采收。采收时要避免损伤葡萄根系。

**3. 葡萄套种制干莴笋(贡菜)生产技术**

葡萄套种制干莴笋(贡菜)简单方便，但是单户不宜大规模种植，因为人工加工环节跟不上。同时注意不要种植过早，因为早期高温抽薹快，没有产量又容易老化出白边而降低品质。

1)品种选择

选择优质、丰产、商品性好(绿皮绿心)、适宜秋播的品种，如‘贡菜(一米青)’‘老来青’等。

2)整地育苗

(1)播种时间　白露节前后。

(2)种植密度：每亩用种 30 克左右，苗床 8 米$^2$ 左右，稀播有利于壮苗。播种前，先将畦面浇足水，等水渗下去以后再撒播种子。由于种子比较细小，播种时，应在种子中适当掺上细潮土，然后均匀地撒播在畦面上；撒完种子后，随即在畦面上撒施一层 0.3～0.5 厘米厚的细粪土，然后用稻草遮盖，并适当浇水。如光照过强，可用遮阳网适当遮阳保湿。

3)移栽

一般采用免耕种植，移栽时将定植穴松土即可。如墒土过于板结，移栽前可适当浅锄松土。

(1)移栽时间　苗龄25天即可移栽,移栽时尽量选择壮苗。

(2)种植密度　一般每两行葡萄中间栽植两行,株距20～25厘米,葡萄行距2米以上的可栽植4行,株距20～25厘米,行距25～30厘米。莴笋距葡萄茎基部不低于20厘米。

(3)移栽后要浇足定根水。

4)中耕管理

一般不需耕锄,田间杂草手工拔除。如墒土过于板结,移栽成活后可适当浅锄。

5)水分管理

移栽成活后要控水蹲苗,促进根系扩大。以后要保持土壤湿润,不能过干过湿,一般15天左右灌水一次。

6)肥料管理

移栽前无须施底肥,蹲苗结束后亩施2～3千克含硼、锌、钙、镁等中微量元素的肥料,莲座期叶面喷施硼肥、锌肥和钙肥,笋茎快速生长至开始采收期间,根据长势,亩施中氮高钾型复合肥5～8千克1～2次。

7)病虫害防治

主要防好霜霉病、灰霉病、菌核病、软腐病、病毒病、蜗牛、蚜虫等。

(1)霜霉病　可用霜霉威、甲霜灵锰锌、烯酰吗啉、霜脲锰锌等药剂交替防治。

(2)灰霉病　可用腐霉利、咯菌腈、异菌脲等药剂交替防治。

(3)菌核病　可用腐霉利、苯甲嘧菌酯、异菌脲等药剂交替防治。

(4)软腐病　可用农用链霉素、中生菌素、氢氧化铜等药剂交替防治。

(5)病毒病　可用宁南霉素、氨基寡糖素、病毒清等药剂防治。

(6)蜗牛　移栽后可用四聚乙醛、氨基甲酸酯、硫酸铜等药剂交替防治2次。

(7)蚜虫　可用吡虫啉、啶虫脒、溴氰菊酯等药剂交替防治。

8)采收

根据植株长势,在现蕾至花枝分杈、花瓣未打开时分批采收。

# 附件 5　宾川葡萄错季(延迟)栽培及二茬果生产

**1. 错季(延迟)栽培和二茬果生产定义**

1)错季(延迟)栽培

错季(延迟)栽培指葡萄冬剪适当推后,夏季从基部修剪重新培养枝条,放弃一茬果,逼发冬芽挂果的一种栽培方式。此栽培法可根据需要,人为调节成熟期,错开葡萄销售高峰。错季(延迟)栽培前期可避开低温,膨果期可避开高温,成熟期可避开雨季,减少烂果,还可错开销售高峰,对生产、销售和恢复树势都有利,值得推广应用。

2)二茬果生产

二茬果生产是指葡萄栽培中,利用设施增温,适当提前修剪及促萌,使葡萄第一茬果(夏果)于 6 月成熟售卖,采收后及时施肥恢复树势,7 月上中旬夏剪,用单氰胺点芽促萌催芽,逼迫冬芽萌发进行第二茬果生产,实现一年两收的栽培方式。宾川葡萄二茬果生产优势明显:一是可有效错开葡萄销售高峰,填补市场空白,取得明显增产增收效果;二是可明显增强葡萄的树势。

**2. 目前存在问题及对策**

1)存在问题

(1)宾川葡萄错季栽培和二茬果生产存在严重盲目性　主要表现在:对葡萄园能不能搞拿不准,什么时间生产定位不准,种植管理技术掌握不到位。

(2)设施简易,抗低温霜冻等风险能力弱　进行二茬果和错季(延迟)生产的葡萄园,绝大多数只有简单的避雨设施,没有保温和防冻设施,抗低温霜冻能力弱,一茬果前期与二茬果后期(12 月中旬后)遇到低温霜冻天气,葡萄就会严重受冻,造成减产减收。

(3)夏季修剪不合理　一是方法不对,如修剪部位过高,叶果比严重失调,导致枝条生长瘦弱,花穗少而小,产量低而果穗外形差。二是时间不对,如修剪促萌过早,5 月下旬至 6 月上旬修剪促萌,10 月上中旬就成熟,此时成都、西昌等地还有露地葡萄在树上未采收完,造成销售价格低,效益不高。

(4)栽培技术掌握不到位　主要表现:①部分农户留枝量过大,亩留枝量多在

3500～4000个，枝条过多过密，田间荫蔽严重，增加了病虫害的防控难度。②果穗过多过大，产量过高。亩留果穗都在3000穗以上，并且单穗粒数超过120粒，亩产3400～4000千克，导致果粒过小、过密，果粒变形和内外果粒着色不一致，果粒变软，难以着色。③土壤管理不当。生长期不进行中耕，土壤板结，透气不良，不利于根系生长和肥料吸收。④10月下旬降温后，基本不使用地膜覆盖增温。⑤肥水管理不当。⑥不套袋或采摘前3～10天才套袋，造成果面花斑，果粉少，着色较深，外观品质较差。

2）对策措施

（1）克服生产盲目性

①选择适宜的葡萄园生产错季果与二茬果。只有健康的葡萄园才能用于错季栽培及二茬果生产。弱园搞二茬果，不仅起不到增收效果，还会引起树体严重衰退，效益越来越差。所有长势弱的葡萄园必须通过修剪后重新生长来恢复树势，但是不能留花留果（前提是分穗前除去花穗），越早除去花穗对树体恢复越有利。当年定植当年挂果，容易形成弱树和僵树，不利于今后产量和品质的提高，为今后发展埋下隐患，是急功近利行为，不宜提倡。

②江干地区主动放弃一茬养好树，在5月下旬6月初修剪，推迟生产的案例表明，错季（延迟）栽培，前期可避开低温，膨果期可避开高温，成熟期可避开雨季，还可错开销售高峰，对生产、销售和恢复树势都是有利的，值得推广应用。因此，搞二茬果生产和树势恢复过程中一定要定位好自己的葡萄园到底是用来干什么的，能不能搞，要怎么搞。

（2）确定合理生产时间　根据“宾川雨水主要集中在7—9月，7—9月高温寡日照，12月至翌年2月温度较低，易发生低温霜冻”的气候特点，结合市场需求，宾川错季栽培与二茬果生产成熟期安排在11月最佳，可倒推出修剪促放的最佳时期为6月。因此，建议在5月20日后到7月20日前修剪促放二茬果。8月以后进行修剪促放，常常因阴雨高温寡日照影响，前期花穗退化严重，霜霉病、白粉病同时上穗，后期因低温影响成熟推迟，易遭霜冻危害，多数以失败告终。所以提醒葡萄农户，在宾川8月以后不要再修剪促放二茬果。

（3）提升设施水平，科学种植，认真管理　根据行距与地形，认真搞好避雨设施，确保嫩梢（枝、叶、穗）不淋雨；贯彻优质栽培理念，认真管理，确保各项技术措施落实到位。

**3. 错季栽培和二茬果生产技术要点及注意事项**

1）适宜区域

光照充足，气温高，热量丰富，降雨少，霜期短，倒春寒明显，冬季气温回升快，土壤肥沃，管理精细，生长均衡，长势良好的葡萄园均适合错季栽培及二茬果生产。二茬果生产以坝区乡镇（金牛、州城、力角、宾居镇）海拔1600米以下区域为宜。错季栽培以坝区乡镇（金牛、州城、力角、宾居镇）海拔1800米以下区域为宜。

2）适宜品种

红地球、克瑞森、阳光玫瑰、夏黑、维多利亚、优无核等目前栽培的品种均适于错季（延迟）栽培及二茬果生产。红地球、克瑞森、阳光玫瑰等晚熟品种更适于搞错季（延迟）栽培。维多利亚、夏黑、优无核等早熟品种更适于生产二茬果。

3）生长发育进程安排与冬季修剪

（1）二茬果生产　二茬果的第一茬，11月中下旬修剪，12月中下旬破眠促萌，翌年1月底2月初发芽，2月底3月初开花，3月中旬夏果坐稳后施肥，促进新梢生长，同时人工摘心或喷生长抑制剂，促进叶片老熟和花芽分化。6月底以前收第一茬果（夏果），收果后施肥恢复树势，7月上中旬进行修剪，用单氰胺点芽促萌催芽，逼迫冬芽萌发并开花结第二茬果。8月上旬开花。11—12月收第二茬果（秋冬果）。

（2）错季栽培　错季栽培于1月中下旬冬剪，修剪时地面上留2～3个芽短剪，不需促萌，让其自然萌发。个别发苗不整齐的田块可涂破眠剂，但是时期要比常规栽培推后。6月10日至7月15日在第二挡铁丝附近进行夏剪。

4）搭建避雨棚

老葡萄园6月修剪后检修避雨棚，萌发前上顶膜。新建园在5月30日前用钢管、钢绞线、铁丝、薄膜、工程线等材料建好避雨棚。6—9月雨季实行避雨栽培。避雨棚建设本着“简便、耐用、节本、不重复投资”的原则。避雨棚的拱棚之间距离以20～30厘米为宜。棚宽与拱高比例合理。棚宽2米以下，拱高50厘米；棚宽2～2.5米，拱高60厘米；棚宽2.5～3米，拱高70厘米。避雨棚搭建步骤为：①搭横梁。在原葡萄架水泥立柱顶端加固一根1.5～2.4米的横梁，也可用钢管将所有水泥立柱横向连为一体。②加支柱。水泥柱高度在2.6米以下的在水泥立柱顶端固定一根0.5～0.6米的支柱，用以加高水泥立柱。③拉铁丝。横梁两端和立柱顶端各拉一道12号铁丝，1.5～1.8米行距时横梁两端两道铁丝之间的距离一般为1.2～1.5米，2～3米行距时横梁两端两道铁丝之间的距离一般为1.7～2.7米。④用钢绞线做拱环。将粗度3.2～4.0毫米、1.6～3.0米长的钢绞线固定在三道铁丝上搭成拱环状，每道拱环之间的距离为0.4～0.6米。⑤覆盖膜。用厚度1.5～2.0微米的塑料薄膜覆盖在拱环上。⑥固定膜。薄膜覆盖后，用工程线将膜固定，以防风吹损坏薄膜。

5）错季栽培夏剪破眠的前枝梢管理

冬剪萌芽后，每株留3～4个枝梢，其余抹除。当枝梢长至100厘米时，进行第一次摘心，摘心后留顶尖2个副梢；待副梢长至10～12片叶时，留7～9片叶进行第二次摘心，促使枝条老化，以后顶部反复摘心，直到夏剪。

6）夏剪破眠促花

（1）延迟的葡萄枝条粗0.6～1.0厘米，近半木质化时在第二挡铁丝附近进行夏剪。若枝条木质化程度高时，用单氰胺破眠（特别提醒：绿枝禁止使用单氰胺）。修剪高度一般安排在距地面80～100厘米叶节位，留顶端倒数第2～3个饱满的冬芽，同时剪去顶部2片叶。

（2）二茬果生产在一茬花穗上留3～4个芽，在二挡铁丝上三挡铁丝下进行修剪，剪后抹除上部两个老叶，用15～20倍单氰氨点湿上部两个芽，促萌催芽，逼发冬芽，以确保出芽率和整齐度，方便管理。剪梢促放二茬花最好在5～7个晴天后进行。

（3）修剪时间根据市场而定。红地球、克瑞森错季栽培宜于6月10日至7月15日夏剪；夏黑、维多利亚等，宜在采果结束后20天以后于6月底至7月中旬夏剪，不影响第二季生产，又能保证葡萄树有足够时间在第一季收后进行树势恢复。枝条木质化程度高时，用单氰胺破眠。

7）夏剪促花后枝梢管理

夏剪后10天左右顶端芽开始萌发，挂果枝梢一般不摘心，副梢留2叶摘心，以便叶片迅速老化，减少霜霉病。但为了确保丰产，发芽后8～10天见花序后要根据嫩枝上小穗的强弱而决定是否摘心和摘心程度。长势强不摘心；长势中等时穗位上留4～5叶摘心；长势弱时穗位上留1叶摘心，副梢长出后重新培养枝梢供果实生长。

8）合理负载

夏黑亩留3000枝，一枝一穗，单穗留果80～100粒，单果重8～10克，穗重0.5～0.7千克，亩产1500～2000千克。维多利亚亩留2000枝，一枝两穗，单穗留果60～80粒，单果重7～8克，穗重0.5～0.7千克，亩产1500～2000千克。红地球亩留2500枝，一枝一穗，单穗留果80～100粒，单果重10～12克，穗重1～1.2千克，亩产2500～3000千克。克瑞森亩留2500枝，一枝一穗，单穗留果150～180粒，单果重6～8克，穗重1～1.2千克，亩产2500～3000千克。阳光玫瑰亩留2000～2500枝，一枝一穗，每穗留果60～70粒，单果重12～15克，亩产1500～2000千克。

9）花果管理

（1）整花序　红地球、维多利亚葡萄于分穗期除去副穗，开花前摘去穗尖，生理落果结束圆锥形整形，留5～8个短侧穗或5个长侧穗。克瑞森花前只去副穗，生理落果结束梭形整形。夏黑、阳光玫瑰葡萄于分穗期除去副穗，开花前留穗尖5厘米，谢花后柱形或者圆锥形整穗。

(2)膨果　红地球在幼果0.6～0.8厘米和1.2～1.4厘米时用20%赤霉素($GA_3$)20ppm+3.6%苄氨·赤霉酸4.8ppm喷果。夏黑、阳光玫瑰用赤霉素($GA_3$)12.5ppm+0.1%氯吡脲2ppm，在谢花3天时第一次浸果；14～16天后用赤霉素($GA_3$)12.5ppm+0.1%氯吡脲6ppm第二次浸果。

(3)疏果　幼果进入硬核期前疏果。留果量根据树势和总穗数确定，红地球和夏黑每穗留80～100粒，克瑞森每穗留150～180粒，阳光玫瑰每穗留60～70粒。

(4)套袋　硬核期前疏果后及时套袋，避免着色过深。套袋前对果穗及枝干进行病虫害系统防治，药液干后当天对果穗套袋保护。

10)土壤管理

全生育期要及时浅耕松土，保持土壤通气良好、根系活力旺盛。尤其是雨季和夏剪前后松土更为重要。

11)肥水管理

(1)延迟栽培冬剪后夏剪前的施肥采取看苗施肥　冬剪后萌芽前，每亩浇施或滴施高氮型水溶肥(30：10：10+微量元素)1～2千克，7～10天施一次；第一次摘心后亩施平衡型水溶肥(20：20：20+微量元素)3～5千克，10天一次；第二次摘心后亩施高磷型水溶肥(10：30：10+微量元素)2千克+高钾型水溶肥(13：9：34+微量元素)2千克，7～10天施一次，连施2～3次。也可以于萌芽前每亩施高钾型控释肥80～120千克。结合喷药，叶面喷施磷酸二氢钾800倍液2～3次。整个生长季节肥水互相配合，如果苗的长势差要及时调整肥水。

(2)催芽肥　夏剪前15天，亩根施平衡型控释肥50～80千克、颗粒硼500克、颗粒锌400克。

(3)夏剪后施肥　①催条肥。夏剪逼发后10～15天，亩施平衡型水溶肥(20：20：20+微量元素)3～5千克。②幼果期。每7～10天施一次平衡型水溶肥(20：20：20)，用量5千克/亩。③膨果肥。谢花后，小幼果8毫米时，亩施膨果肥复合肥(15：15：15)15千克。④增糖着色肥。硬核期亩施高钾型控释肥80～120千克。⑤上色至成熟，每7～10天施一次高钾型水溶肥(13：9：34)，每次用量5千克/亩。

12)病虫害防治

(1)延迟栽培培养树体期间　①冬剪萌芽后2～3叶期用40%氟硅唑8000倍液+3.2%甲维盐1000倍液预防黑痘病、白粉病和夜蛾类害虫。②3—5月白粉病易流行发生，用硫黄或石硫合剂防治，严重时用40%氟硅唑8000倍液+10%苯醚甲环唑1500倍液防治。③雨后易发生霜霉病，及时选用50%烯酰吗啉1000倍液+70%丙森锌700倍液防治。

(2)夏剪萌发后至套袋前病虫害防治　①5～7天防一次霜霉病，不间断保护到顶部叶片老化。②花穗期及小幼果期用烯酰吗啉、嘧菌酯、霜霉威盐酸盐、代森锰锌、氟吗啉、霜脲氰、乙磷铝、氟噻唑吡乙酮、氰霜唑、丙森锌、吡唑菌胺、铜制剂(氢氧化铜、氧化亚铜)、戊菌唑、腈菌唑、乙醚酚磺酸酯、多抗霉素、吡唑萘菌胺、吡唑醚菌酯液。③建议多采用复配成分，或者治疗与保护相结合防治白粉病、霜霉病。④用咯菌晴、异菌脲、啶菌噁唑、烯肟菌胺、甲基硫菌灵、嘧菌环胺和福美双防治灰霉病等多种病害。

(3)套袋后病虫害防治　①用波尔多液预防霜霉病，严重时，用50%烯酰吗啉1000倍液+70%代森锰锌700倍液预防霜霉病。②10—12月用硫黄或石硫合剂防治白粉病。

13)注意事项

过早采收，口感差、价格低；过晚采收，葡萄失水变软不耐贮运，易受低温冻害，最佳采收期为11—12月(简易雨棚栽培)，保温棚可延长到翌年1—2月。

# 附件 6　阳光玫瑰葡萄栽培周年管理技术要点

宾川地区阳光玫瑰种植起步稍晚，由于受干热风的影响，1600 米海拔以下地区障碍因素较多，主要体现在早期寒害，中期干热风，后期高温、强紫外线伤害，带来的问题是病毒病严重、颗粒偏小、容易软果上锈等。优势是可以做促早栽培、延迟栽培、二茬果生产，调节上市时期。产品糖度高、香味浓、脆度好。阳光玫瑰正在成为全国的主栽品种，宾川也必须迎头赶上，迅速提升栽培面积与栽培技术水平。

**1. 主要技术参数与节点**

1）宾川地区阳光玫瑰的生产目标产量

（1）低热坝区目标产量　亩产 1500～2000 千克。基本结构：2500～3000 枝/亩，30 叶/每枝，2500 穗/亩，50～70 粒/穗，13～15 克/粒。

（2）温凉区目标产量　亩产 2500～3000 千克。基本结构：2500～3000 枝/亩，30 叶/每枝，2500～3000 穗/亩，50～70 粒/穗，18～20 克/粒。

2）挂果园生产关键点

（1）基本理念　优土、壮根、合适的枝叶数量、精细的花果管理、及时的营养与生殖生长平衡管理、科学的肥水与植保、到位的人工管理、重要的采后管理。

（2）主要关注　①生产管理对象。土、根、芽、枝、叶、花、果。②气候因子。温、湿、光、气、风、雹、雪等。③人工管理。树体、肥水、植保、采收、采后等。要做到设施等葡萄、人等工作，不能葡萄等设施、工作等人。

3）阳光玫瑰年周期与管理作业

（1）主要工作连接　修剪—破眠（点芽）—萌芽期定芽—3 叶期定枝、绑枝上架—花前一周至始花期摘心、修穗、无核处理—花后 1～3 天保果—花后 7 天打单层—花后 10～14 天修果穗、疏果—花后 15～18 天膨大处理—幼果膨大期管理副梢—硬核期二次疏果—二次膨大期后套袋—成熟期采果—采后保叶。

（2）病虫害防治　关键期为绒球期、2～3 叶期、花序分离期、开花前、谢花后 2～3 天、封穗期、套袋前、硬核期、膨大期、采收后。防治重点为蚜虫、蓟马、螨虫、白粉病、灰霉病、霜霉病、病毒病、日灼、气灼。

（3）肥水管理关键点　萌芽前、2～3 芽期、花序分离期、幼果期、硬核期、膨大期、成熟期。

4)阳光玫瑰各生育期生产要点简述

阳光玫瑰各生育期生产要点简述见附表1。

**附表1　阳光玫瑰各生育期生产要点简述**

| 时期 | 植保 | 肥水 | 栽培管理 | 注解 |
| --- | --- | --- | --- | --- |
| 修剪 | 清理病残体(包括杂草)的病虫害 | 控水 | 枝距超过12厘米的两芽修剪，枝距小于12厘米的1芽与两芽交替修剪。剪口距芽眼1厘米。沙土与缺水地方和促早栽培的覆盖地膜 | 破眠（点芽）前20天修剪 |
| 破眠（点芽） | 无 | 破眠前浇透水一次，6～12米$^3$/亩，施尿素5千克 | 枝条喷清水后芽眼涂抹50%单氰胺14～16倍液或者小喷头喷枝芽，低热区过两天再用一次50%单氰胺16倍液，喷后第3天喷清水促进萌芽整齐一致 | 棚里注意控制温度在32℃以内，避免烧芽 |
| 绒球期 | 清园<br>绒球吐绿3%时，3～5°Bé石硫合剂清园 | 检查土壤水分，不干不回水。夏黑砧木冬季干旱会产生严重病毒病，沙土要及时回水，施磷酸二氢钾2千克配海藻肥3千克促根供营养，特殊园根据土壤肥力情况适当添加或不用 | 保持土壤湿润；<br>修葺加固基建设施；<br>绑缚、固定主蔓挂果母枝 | 早春滴水多会降低地温，易产生黄苗，严重的花穗退化 |
| 发芽后至开花前　2～3叶 | 70%甲基硫菌灵750倍液＋40%吡蚜酮·呋虫胺1500倍液＋40%氨基酸600倍液 | 黄腐酸5千克/亩，水溶肥(24∶13∶13＋TE)2千克/亩，矿源黄腐酸1千克/亩 | 见到花序时进行抹芽，去双芽、副芽及位置不合适的多余芽；<br>能分清花序质量时进行定枝；<br>注意：阳光玫瑰新梢基部较脆，风大地区，可适当推迟定枝和绑梢工作，枝条间距保持在15～20厘米，不过密也不过稀 | 防虫、促根是重点；<br>多次补充叶面肥 |

续附表 1

| 时期 | | 植保 | 肥水 | 栽培管理 | 注解 |
| --- | --- | --- | --- | --- | --- |
| 发芽后至开花前 | 花序分离 | 20%吡噻菌胺 750 倍液+20%咯菌腈 2000 倍液+40%悬浮锌 1500 倍液+5%甲基阿维菌素 1500 倍液 | 水溶肥(24：13：13+TE)3 千克/亩<br>海藻肥 500 克/亩 | 摘心去卷须：一般穗上 3～4 叶分批摘心，摘心后副梢暂时不做处理，中庸长势可以不摘心，去掉全部卷须；副梢处理：穗下副梢不留，其余副梢 2～3 叶摘心；<br>修花序：信使花出现开始留穗尖式修花序，建议修花长度 4～5 厘米(或 13 个左右的小分支)，多穗尖的花序选留一个生长较顺的穗尖<br>注意：① 修花越早，留花序长度越短，修花时间较长时，需根据花序生长速度调整修花长度，并且需要两天调整一次预留长度。② 不建议捋花序，因为易折断或破坏花序轴表皮，可用指甲或剪刀从下往上修剪。③ 最上层 2～3 个花序最好在同一层面。④ 无核处理多要分批处理 | 调整营养生长与生殖生长关系；<br>促进根系快速生长；<br>做好灰霉病和防虫工作；<br>用工量增多，需要合理配工并加强工人管理；<br>注意极端温度，尤其是花序分离期至花期或者大降温时 |
| | 开花前 | 25%啶菌噁唑 1500 倍液+12.5%吡唑萘菌胺 1500 倍液+12.5%苯醚甲环唑 1500 倍液+10%醚菊酯 750 倍液+艾特威叶肥 500 倍液 | 水溶肥(24：13：13+TE)3 千克/亩<br>黄腐酸 3 千克/亩 | | |
| | 初花期 | 10%己唑醇 1500 倍液+20%乙嘧酚磺酸酯 1500 倍液+50%氟定虫酰胺 1500 倍液+10%定虫脒 1500 倍液+糖醇硼 1000 倍液 | 水溶肥(24：13：13+TE)5 千克/亩<br>海藻肥 500 克/亩 | | |

续附表 1

<table>
<tr><th colspan="2">时期</th><th>植保</th><th>肥水</th><th>栽培管理</th><th>注解</th></tr>
<tr><td rowspan="3">谢花后至套袋前</td><td>谢花后 2～3 天</td><td>20%吡噻菌胺 1500 倍液+40%腈菌唑 2000 倍液+40%乙基·氟虫腈 5000 倍液+40%氨基酸 500 倍液</td><td rowspan="2">氨基酸钙 2 升/亩；<br>水溶肥(24：13：13+TE)6 千克/亩；<br>水溶肥(13：3：15：8CaO：2MgO)1 千克/亩；<br>聚谷氨酸 1.5 升/亩；<br>水溶肥(24：13：13+TE)6 千克/亩<br>水溶肥(13：3：15：8CaO：2MgO)1 千克/亩；<br>黄腐酸 5 千克/亩，水溶肥(22：8：22+TE)6 千克/亩；<br>矿源黄腐酸 1 千克/亩；<br>海藻肥 500 克；<br>水溶肥(8：22：30+TE)6 千克/亩；<br>氨基酸钙 2 升/亩水；<br>溶肥(8：15：40)5 千克/亩；<br>黄腐酸 3 千克/亩；<br>水溶肥(8：15：40)5 千克/亩；<br>黄腐酸 3 千克/亩</td><td rowspan="2">保果：谢花后 1～3 天进行浸穗，要复配进行。注意：务必均匀一致，同时注意果穗部位温度，尽量在晴天上午 10 点以前和下午 4 点以后。<br>整穗：保果前后可先将果穗进行单层处理，整穗务必在膨大处理前修完，整穗前可去除部分过多的双穗。<br>整穗方法：定穗长 15 厘米，打单层，类似玉米状；<br>疏果方法：从上到下疏，保留果粒数量 70～80 粒，疏掉过小、畸形、僵果、朝向不好的果粒；<br>膨大处理：保果后 16～18 天进行膨大处理。注意均匀浸穗处理，可一次处理保果的两批花。<br>注意：①天气：雨水和温度。②果粒全部没入药液，时间 3 秒以上。③及时为容器内加药液。④及时晃动钢丝，去掉果粒上药滴。⑤膨大前后肥水要足</td><td rowspan="3">花后水肥应足。中微量元素肥也需补充到位；<br>花后修果用工量大，需合理配工并加强监督和管理；<br>套袋前注意日灼和气灼；<br>套袋前注意果面洁净无药斑；<br>花后至套袋前注意高温天气的影响，高温天需微喷降温，遇雨天加防霜霉病药</td></tr>
<tr><td>小幼果期</td><td>29%吡唑醚菌酯 1500 倍液+25%己唑醇 1500 倍液+10%醚菊酯 750 倍液+40%氨基酸 500 倍液<br><br>16%多抗霉素 1500 倍液+20%戊菌唑 1500 倍液+24%阿维·氟啶虫酰胺 3000 倍液+40%烯酰·氰霜唑 1500 倍液</td></tr>
<tr><td>大幼果期</td><td>1.5%苦参·蛇床素 750 倍液+16%多抗霉素 3000 倍液+5%阿维菌素 1500 倍液或 30%乙唑螨腈 1500 倍液</td><td>水溶肥(22：8：22+TE)6 千克/亩；<br>氨基酸钙 2 升/亩<br>水溶肥(13：3：15：8CaO：2MgO)1 千克/亩</td><td>副梢处理：结合架型、枝条的疏密、叶片大小，留取合适的副梢数量。顶端副梢两行相连时反复摘心</td></tr>
</table>

续附表 1

| 时期 | | 植保 | 肥水 | 栽培管理 | 注解 |
|---|---|---|---|---|---|
| 谢花后至套袋前 | 大幼果期 | 20%吡噻菌胺1500倍液+40%腈菌唑2000倍液+72.2%霜霉威盐酸盐600倍液 | | 二次疏果：在膨大处理后至硬核期可进行第二次精修处理果穗，统一穗长16～18厘米，精修果粒至65粒左右 | |
| | 封穗期 | 25%吡唑萘菌胺·苯醚甲环唑1500倍液+30%噻虫·高氟氯1500倍液+70%咯菌腈4000倍液 | 水溶肥(22∶8∶22+TE)6千克/亩；<br>矿源黄腐酸1千克；<br>水溶肥(22∶8∶22+TE)5千克/亩；<br>2%聚谷氨酸1.5升/亩 | | |
| | 套袋前全园处理 | 1.29%吡唑醚菌酯1500倍液+11.8%甲维·唑虫酰1000倍液+30%苯醚·抑霉唑3000倍液<br>2.20%戊菌唑1500倍液+20%吡噻菌胺1500倍液+25.5%异菌脲750倍液+15%氯虫苯甲酰胺1000倍液 | 水溶肥(22∶8∶22+TE)5千克/亩；<br>水溶肥(13∶3∶15∶8CaO∶2MgO)2.5千克/亩；<br>黄腐酸5千克/亩；<br>水溶肥(22∶8∶22+TE)6千克/亩；<br>海藻肥500克；<br>水溶肥(22∶8∶22+TE)6千克/亩；<br>氨基酸钙2升/亩；<br>水溶肥(8∶22∶30+TE)6千克/亩；<br>矿源黄腐酸1千克/亩 | 套袋：需进行药剂处理，避开高温时段，一般推荐白色或渐变色果袋。<br>注意：套袋前可以再进行一次定穗 | |

续附表 1

| 时期 | | 植保 | 肥水 | 栽培管理 | 注解 |
| --- | --- | --- | --- | --- | --- |
| 套袋后至成熟期 | 套袋后 | 19%丙环唑·啶氧菌酯 1500 倍液＋50%福美双 1500 倍液＋40%烯酰·霜脲氰 1500 倍液或 30%氟吗啉·氰霜唑 1000 倍液 | 水溶肥（8∶15∶40）6 千克/亩；<br>多肽氨基酸 2.5 千克/亩；<br>水溶肥（8∶15∶40）6 千克/亩；<br>多肽氨基酸 2.5 千克/亩；<br>水溶肥（8∶15∶40）5 千克/亩；<br>黄腐酸 3 千克/亩；<br>水溶肥（8∶15∶40）5 千克/亩；<br>黄腐酸 3 千克/亩 | 套袋后主要是对副梢的处理，始终单叶摘心。 | 二次膨大期不可过分控水，同时注意多雨积水时的排水工作；<br>果实成熟前 25 天为重要增糖、上香窗口期，肥水要合理；<br>达到采收标准后，尽量在 20 天内采收完毕 |
| | 套袋后第二次 | 43%戊唑醇 2000 倍液＋5%甲维盐 1500 倍液；或 72.2%霜霉威盐酸盐 1500 倍液、31%噁酮·氟噻唑吡乙酮 1500 倍液 | | | |
| | 套袋后第三次 | 72.2%霜霉威盐酸盐 1500 倍液＋16%多抗霉素 1500 倍液＋40%腈菌唑 1500 倍液 | | | |
| | 采收前 | 20%苯甲·戊唑醇 1500 倍液＋50%烯酰吗啉 1500 倍液＋磷酸二氢钾 800 倍液 | | | |

续附表 1

| 时期 | 植保 | 肥水 | 栽培管理 | 注解 |
| --- | --- | --- | --- | --- |
| 采收 | 80%波尔多液可湿性粉剂＋40%烯酰·霜脲氰 1500 倍液 | 水溶肥（8 ∶ 22 ∶ 30＋TE）6 千克/亩；<br>水溶肥（13∶3∶15∶8CaO ∶ 2MgO）2.5 千克/亩；<br>黄腐酸 5 千克/亩 |  | 增施有机肥、锌肥、镁肥、硼肥等，撒于葡萄行单侧，离树干至少 30 厘米，用旋耕机与土拌匀即可 |
| 采收后 | 波尔多液（1∶0.7∶100），20 天后，波尔多液（1∶0.7∶100） |  |  |  |
| 休眠期 | 清园措施（修剪前 3°Bé 石硫合剂） |  |  |  |

# 附件 7 云南金沙江干热河谷克瑞森葡萄优质丰产栽培技术

云南金沙江干热河谷种植克瑞森葡萄主要的困难是早期低温和后期高温障碍，在生产实践中主要表现为成花不稳定，早期的低温花穗容易受寒而退化，后期高温来临又上色较困难，从而表现出产量低、品相差。经过多年的探索，现在基本上解决了优质、丰产的问题，主要做法总结如下。

**1.建园**

1)园地选择与土壤改良

(1)园地选择　土壤深厚、地势高、利水的沙壤土和红壤土为最好，泥土和沙土次之。

(2)园地整理　根据地形，首先从低到高进行60厘米深翻，再从高到低整理成一个平面，按水流的方向，不要搞成台地，从高到低起伏不要大，防止窝水，地形按坡向设计自然成形。

(3)园区附属设施要简洁实用　配套设计沟、路与守护房，20亩以上的葡萄园还应当设计采果棚、配肥池、打药池等基础设施。

(4)改良土壤　平整好的园地以2.5～3.0米进行顺坡向开墒。地形平缓的尽量采用南北向开墒，建议开挖40～60厘米的定植沟，壤土、泥土地下水位低的开挖40厘米，沙土、山坡开挖60厘米。方法是首先开挖边沟，把第二沟的表土放在第一沟的沟底，垫土20～30厘米，第二沟的沟底生土放在两行中间埂上晾晒20～30天后，沟中每亩施有机肥、草炭土、农家肥等20～30米$^3$，把两行中间的生土覆盖在有机肥的上面进行翻挖混合(也可以用微耕机翻混)，起10～15厘米的墒子即可。要做到墒平、土细、沟直。

2)建园方式与苗木选择

克瑞森葡萄建园多采用插条扦插或带根苗移栽。要特别注意，若采用插条的方式，一定要在没有种植过葡萄的园子进行。而种植过葡萄和其他果树的田块建议采用带根苗移栽建园。

(1)扦插建园　没有种植过葡萄的园子，也就是我们常说的生地，可采用扦插方式建园。扦插建园要注意两个细节：一是种条选择无病、无虫的健康枝条，已经有好几个园子因为插条带病而大量发生霜霉、溃疡、流胶等病害；二是扦插条要消毒(300倍的多菌灵浸泡4～8小时)。催根要用沙埋的方式，20根一捆，倒置在当阳处，盖上3厘米的细沙，浇透水后盖地膜，注意不要用土或石粉。20天左右插口长出马蹄状白色的愈伤组织就可以进行扦插。扦插的时间以12月中旬到翌年1月上旬为好。先要浇透水，把插条按80～100厘米一棵插入土中12～15厘米，如果插条长于20厘米的应该斜插，也就是插口要在12～15厘米土层。插好后再滴一次定根水，待水落干以后及时覆盖地膜，也可以先覆盖地膜滴透水后插苗。注意插苗时插条马蹄不要被薄膜裹着，覆膜后插条与薄膜处用土压实。

(2)带根苗移栽建园　种植过葡萄和其他果树的田块建议采用带根苗移栽建园。带根苗最好选择贝达砧木苗。采购回来的苗木要用沙埋一段时间后再栽，用沙把整棵苗都埋起来，浇透水待用。如果新到的苗要赶时间马上栽，须先在水里浸泡4小时以上，浸泡时加入300～500倍多菌灵进行消毒，栽前捞出晾一下，把根系修剪留5厘米，根部蘸一下生根粉液，栽到打好的穴里面，栽苗的深度以12厘米为宜。注意高低要平，左右要直。栽好以后要滴透水，表水略干后盖上地膜，同样压实小苗与薄膜口。

3)定植建架

(1)开挖定植塘。株距采用80～100厘米，开挖20厘米深的定植塘，特别是土壤干不透的打好定植塘后要晒透再栽苗。同步跟进滴灌、喷灌带配套设施的安装，把滴灌、喷灌设备调试好即可进行栽苗。

(2)定植时间　金沙江干热河谷区栽苗的时间基本确定在12月下旬至翌年2月上旬。

(3)建架　采用“飞鸟架”，做好墒后以5米一棵栽水泥桩(选用2.6米高的桩，入土50厘米)，先把水泥桩栽好，及时做好葡萄架，以葡萄主干高110～130厘米的设置，横梁高度2.0米，枝条高度1.8米。

**2.幼苗管理**

1)肥水管理

(1)苗栽好后滴一次定根透水，二次复水一定要在上次落干以后。定植后20～30天，检查根系生长情况。第三次回水也是不干不回水，回水时可以用有机营养液与促根生长液配合使用。到大部分长到6片叶以上、有卷须后逐步上化学肥料。以后依次推进干干湿湿的管理，并可以一水一肥，持续推进，促进小苗生长。

(2)5月份进行松土、施肥、整墒。把定植时的地膜拆除，采取两边开沟，施入3吨有机肥、50千克平衡复合肥、500克颗粒锌、600克颗粒硼、5千克颗粒镁，提土垄墒，起垄高度不低于10厘米。干旱区特别是沙土的要继续覆盖（最好用反光膜）。黏土或者雨水多的地方，可以不用覆膜。

（3）到雨季结束后松土起沟排水，达到再次促根的目的。建议：亩施复合肥50～80千克，配中微量元素，有条件施一次生物菌肥。

2）幼树整形

要求是主干要直，主蔓要平，侧枝要匀，副梢留叶，架形饱满。

（1）主干放毛腿　幼树生长前期，通过下部副梢留5～6叶的方法，放毛腿增加叶片数，有利于主干增粗，根系发达。采用竹竿引蔓上架，尽量把主干稳直。

（2）封顶后平主蔓　待苗高超过定干高度达到株距长，两边侧枝度发出来后就可以放蔓了。“7”字形向顺风方向一侧，“一”字形干高处摘心后分左右两枝，分枝后苗的高度达到株距长度，两边侧枝度发出来后才放蔓。侧枝5叶后增加磷钾肥，叶面喷施磷酸二氢钾。

（3）侧枝5～6叶摘心　主蔓平放前后，侧枝生长5～6叶要摘心，主蔓平行固定后侧枝分两边固定上架，生长强旺的要压顶，其他同样5片叶摘心，以后放梢通顶。侧枝副梢留2叶。摘心后叶面喷磷酸二氢钾一次。

（4）采用篱架扇形结构的，幼苗高度60～80厘米处摘心，然后继续延长，若生长太快，五片叶连续摘心，这样反复跟进，确保幼树花芽分化。培养的枝条经过摘心以后，延长至架面高度即可。

（5）侧枝选留　所有侧枝保留。选留方法是：第一批苗满留8～10个，第二批苗留6～8个，最后发出来的弱苗留2～4个。这样枝条平衡中庸，第二年挂果，均匀整齐不会脱枝。

（6）摘心　摘心是增强花芽分化的有效措施。5～6片叶摘心1次，可促进母枝花芽分化、大幅度提高下一年产量；母枝上部的1级副梢均留3叶摘心，其上再发出的2级副梢，除顶端1个2级副梢留基部1叶作“绝后摘心”外（即抠去基叶叶腋间所有夏芽和冬夏的生长点，连同2级副梢一起摘除，没有生长点以后就不再发生副梢了），其余2级副梢一律贴根抹除。

3）病虫防治

主要是做好白粉病、霜霉病的预防工作，同时要注意蚜虫、螨类、条虫、钻心虫、介壳虫的定期调查，及时防治。进入秋季，叶片老化后全园喷波尔多液（1∶0.5∶100）。

**3. 挂果树的周年管理**

1）秋季管理

（1）采果后复壮　及时叶面喷施氨基酸、氮加锌或硼，同时根部滴施海藻酸、腐殖酸加氮肥。

(2)土壤管理　夏秋季节,7—8月份开沟施秋肥。距主干50厘米开施肥沟30厘米深,亩施有机肥3吨、平衡型复合肥50～80千克、颗粒硼、锌各500克,颗粒镁5千克,黏重的白泥土加五合铁600克。先把有机肥撒在开好的沟里,再把化肥撒在有机肥上。同时全园清沟排水,保证60厘米土层不积水。

(3)防病保叶　用半量式波尔多液(1∶0.5∶100)全园喷雾,同时注意防治白粉病、蓟马、介壳虫,8月底9月初防钻心虫一次。

(4)控梢壮枝　秋季顶梢抽发快,要及时抹除顶部新梢,叶面喷磷酸二氢钾、硼肥、锌肥等叶面肥。

2)冬季管理

(1)冬肥　进入冬季,雨季结束后要注意肥水管理,虽然秋季埋了一次复合肥,但根据土壤墒情的变化,要时时补充冬肥。冬肥一般补充氮肥与腐殖酸肥料,也可以少量地用点平衡型水溶肥。

(2)冬剪

A.冬剪时间。金沙江干热河谷区克瑞森种植是冬季进行修剪。不同海拔、地段,进入11月至12月,就要进行冬季修剪。冬剪时间安排的计算方法是:在霜期结束前30天涂抹破眠剂,破眠前10天修剪,修剪前15天盖地膜,盖地膜前15天松土整墒。如此计划出这段时间的工作安排。无霜区破眠点芽安排在12月上中旬。

B.修剪方法。不同架式有不同的留芽方法,"7"字形与"一"字形架,细枝(0.5厘米以下)1芽修剪,正常(0.5～1.0厘米)2芽修剪。篱架栽培的2～4芽长短结合修剪。留芽量一般6000～8000个/亩。

(3)清园　清园在破眠前后各进行一次,第一次在修剪后及时进行。主要是人工清洁田园,包括杂草、老皮、杂物要清理干净。要注意,如果修剪前发现白粉病、红蜘蛛严重的,要先用药物进行处理后再修剪;第二次清园在破眠后的25天左右即绒球期进行,喷3°Bé石硫合剂。

(4)破眠　低热区均采用两次点芽破眠法,温凉区采用一次点芽破眠法。通常的做法是:整园第一次滴肥水,亩施腐殖酸5千克加尿素3千克,同时先把枝条用清水喷湿,用14～16倍50%的单氢铵溶液涂抹芽或者整株喷湿枝条,隔2～3天后,再用16倍50%的单氢铵溶液认真喷枝条一次。枝条粗细度基本一致也可采用喷2次的方法破眠,但是超粗枝条和第一年挂果树不建议两次喷雾的方式,还是抹一次喷一次。第二次喷单氰胺后的3天起,枝条多喷清水,以利于整齐萌发。

(5)覆膜　树体弱的、没有埋过秋肥的盖地膜前要补上肥,肥配方与秋肥一样。

盖膜要严实。建议枝条修剪后就地粉碎。

(6)水分管控　整个冬季过于干旱,会造成表层根系大量死亡,所以建议适时补充水分,但是大水和长时间的淹水要避免,水分过重会降低地的湿度,迫使葡萄重新进入休眠状态,造成发苗不好,不整齐,植株生长不良。

**3. 春季管理**

春季管理是金沙江干热河谷区最为繁忙的时期。克瑞森葡萄主要生长期均在春季,低热区在 12 月至翌年 1 月萌发,温凉区 2—3 月萌发。

(1)水分管理　破眠前浇足第一次破眠水后,第二次水一般在绒球期补充,萌发以后随时调查土壤墒情,实施补水,要求不干不补水。重点是观察白根发根的状态。第三水一般在新梢抽发后 10～20 厘米时,同样是要调查土壤水分,个别黏土保水保湿能力强的园子在 40～50 天后,新梢 15～20 厘米时才回第一次水,后面的开花前要适当控水,所以春季水分管理至关重要。

(2)病虫害防治　春季主要防白粉病、灰霉病、蚜虫、蓟马(见病虫害防治简表)。

(3)施肥管理　结合水分管理,采用轻肥长根的管理方法及配合水分每次 2～3 千克水溶肥。而在开花前加强营养,根部滴施一次有机营养肥加高氮水溶肥,补充叶面肥,喷硼肥、锌肥。幼果增强营养后(特别是氮素),幼果生长正常的为长形果,生长受影响的为椭圆形果,花期受冻的是僵黄圆果。生理落果结束后要认真施好壮果肥,建议每亩 50～80 千克复合肥,沟施或穴施。

(4)定枝、定穗、修穗等关键技术　定枝要抓住关键时期,见穗后及时抹除多余的芽,抽发 15～20 厘米时,以 15～20 厘米的间距选留定枝。保留"高、低、内、外"相对一致的枝条,有利于绑蔓上架。坚持"一枝一穗",花穗开花前去副梢,待生理落果后修穗整形。

(5)枝叶管理　正常情况下,花穗上 4 片叶摘心。而当花穗有退化迹象时,立即穗位摘心以保证花穗不退化。产量不稳定的枝叶管理方法:结果枝和营养枝保留 16 片叶,春天萌芽后,花序以上留 5 片叶打顶,以后副梢每长出 5～6 片叶打顶,直到一年生枝长度合适为止或叶片保留 15～16 片为宜,以后一直打顶。此做法的其他优点:果穗拉长了,穗形整齐,果穗松散,冬芽饱满,花芽分化质量高,为翌年的丰产丰收奠定基础,并能做到连年丰产。副梢处理方法:①结果枝上 1 级副梢处理掉,花序或果穗以下贴根抹除,前端每 5～6 片叶摘心一次,达到 16 片叶时对副梢反复摘心,其余中间各节位副梢留 1 叶"绝后摘心"。②营养枝上 1 级副梢,每 5～6 片叶摘心一次,达到 16 片叶时对副梢反复摘心,其余中间各节位副梢留 1 叶"绝后摘心"。采取这样的措施后,营养生长受到了抑制,养分流向主梢上的冬芽及副梢上的冬芽,从而使冬芽有足够的营养促进花芽分化,还不必担心副梢上的冬芽暴破，只要主梢上的冬芽不破，来年产量就没有问题。

(6)整穗　开花前去副穗，谢花后7～10天进行整穗。坐果密的“留二去一”进行修穗，坐果稀密适中(幼果间距1厘米)的留5～8个侧穗，过长的侧穗剪穗尖留3～5小穗，整成梭形穗，每穗留150～180粒。

**4. 夏季管理**

进入夏季，幼果成熟上市，主要工作是膨果、夏梢管理、病虫害防治、肥料管理、调整着色、控制水分、适时采收等。

(1)膨果　在谢花后15～25天进行，用20%$GA_3$ 1克＋3.6%$GA_{4+7}$ 2克＋20%戊菌唑1500倍液6克兑水11千克(也可以加海藻酸)，浸穗和喷穗，可处理550穗，原则上一次膨果就好。

(2)夏梢管理　满架后及时抹除枝条顶部新抽发的夏梢，副梢叶片依据架势与枝距确定，一般副梢留2～3叶摘心，枝距大的副梢多留叶，原则是架面要丰满。

(3)病虫害防治　主要是控制好白粉病、灰霉病、蓟马、钻心虫、蚜虫等，进入雨季后及时预防霜霉病。

(4)肥料管理　幼果期主要是平衡肥，同时加强钙、镁肥施用。硬核期用1次中钾水溶肥5千克/亩，之后平衡配合补充钙、镁肥(选择能够复配的钙、镁肥少量，每次施肥都配上更好)，上色后，中钾与高钾水溶肥交替使用，建议硬核期亩沟施50～80千克复合肥，摘出穗位下不见阳光的叶片。

(5)实时调整着色　克瑞森葡萄容易受高温、寡日照、密度、土壤酸碱度等各种因素影响，产生着色不匀、上色不足的问题。因此，硬核后期果面发白开始，适当增加氨基酸、镁肥的使用，并且认真进行pH与EC值的调整。当着色20%且正常转色的，上色到30%以后使用调节剂进行处理；如硬核后期发白超过5天还不上色的，或者上色10%～20%有转色停滞现象的，就及时用氨基酸与植物生长调节剂进行调整；跟进调土促根肥料；保证葡萄随糖度的增加均匀上色。转色期遇高温要加强肥管理，并采用喷水降温。

(6)成熟期实时控制水分　冷凉区光照差的可以再次把果穗周围的叶片摘除一部分，让果穗充分照射阳光。进入雨季及时排水，土壤湿度过重，易裂果，也会降低糖分，特殊情况上色困难的可以先铺设防鸟网，然后撤除纸袋，促进上色，但是打药的时候要注意果面保护。建议使用反光膜，可以达到利水保墒、反光增色的效果。

(7)适时采收上市　可溶性固形物含量达到17%以上就可以采收，注意加强水分管理，防止干热风干筋软果，正常补充肥料，采收期少打药。

# 附件8　农药混配顺序、田间施药注意事项、浓度计算方法

**1. 农药混配次序**

（1）农药混用的先后顺序为微肥、水溶肥、可湿性粉剂、水分散粒剂、悬浮剂、微乳剂、水乳剂、水剂、乳油，依次加入进去，在每次混用之前，都需要将药剂均匀地搅拌。在农药混用时，要注意混合后不能产生浮油、絮结、沉淀，也不能变色，不能引起化学变化，还要注意现用现混，不能长期储藏久置，避免药剂混合后产生缓慢反应。

（2）先加水后加药　进行二次稀释混配时，先在喷雾器中加入大半桶水，加入第一种农药后混匀；然后，将剩下的农药用一个塑料桶先进行稀释，稀释好后倒入喷雾器中，混匀，依此类推。

**2. 葡萄园田间施药注意事项及提高效果的方法**

（1）农药要现配现用，首先调整机器雾化状态，保证雾化要好。

（2）喷药要均匀、要到位，不要随意增加用药量，注意浓度和剂型，确保防治效果好又不产生药害。幼果期适当摘除穗位下的老叶，确保通风和喷药到位。

（3）预防与治疗的用水量应不同　预防时喷雾后叶面少量滴水，雾化覆盖叶片背面，一般满架后亩用水量60～75千克（4～5背），而治疗时要适当增加用水量，达到每亩90～105千克（6～7背），特别是白粉病与霜霉病要看到病斑湿透。

（4）果面的保护从生理落果结束就要注意。一是注意农药剂型；二是注意使用浓度；三是注意混配品种；四是注意喷雾器的雾化状态和葡萄与喷头的距离；五是注意天气高温时不要施药。

（5）检验方法　刚刚开始喷药时，喷10米远（3棵水泥桩距离）后检查下部、中部、上部和外面、里面的叶片背面药水是否喷到位。

**3. 农药使用浓度计算**

1）按有效成分计算

（1）计算稀释剂的用量

①稀释100倍以下：

稀释剂用量=原药剂重量×(原药剂浓度－所配药剂浓度)/所配药剂浓度

**例**:用40%氨基酸5千克,需配成5%药液,问需加多少千克水?

**解**:5×(40%－5%)/5%=35(千克)

②稀释100倍以上:

稀释剂用量:原药剂重量×原药剂浓度/所配剂浓度

**例**:用含量为5%的赤霉素1克稀释成20ppm赤霉素药液蘸花,求需加多少千克水?

**解**:5%浓度=50000ppm

需加水:1×50000/20=2500(克)=2.5(千克)

(2)计算原药用量:

原药用量=所配药剂重量×所配药剂浓度/原药浓度

**例**:要配5ppm的氯吡脲药液5升(5000毫升),需用0.1%(1000ppm)的氯吡脲多少毫升?

**解**:原药用量=5000×5/1000=25(毫升)

2)按倍数法计算(即不考虑原药剂有效成分含量)

(1)计算稀释剂用量:

稀释剂用量=原药重量×稀释倍数－原药重量

**例**:用0.5千克食盐配成20倍液食盐水(5%食盐水),需加水多少千克?

**解**:需加水=0.5×20－0.5=9.5(千克)

(2)求用药量:

原药用量=所配药剂重量/稀释倍数

**例**:配制48千克的烯酰吗啉800倍液,需烯酰吗啉多少千克?

**解**:48/800=0.06(千克)

(3)求稀释倍数:

稀释倍数=所配药剂重量(或原浓度)/原药剂重量(或所配药剂浓度)

**例**:用25%甲霜灵0.5千克兑水400千克防治葡萄霜霉病,求稀释倍数?

**解**:400/0.5=800(倍)

3)不同浓度表示法间的互相换算

(1)倍数法与百分浓度之间的换算:

百分浓度(%)=原药剂浓度/稀释倍数×100

**例**:用50%多菌灵可湿性粉剂500倍液防治病害,问含多菌灵有效成分的百分浓度?

**解**:百分浓度=0.5/500×100=10%

(2)百分浓度(%)与百万分浓度(ppm)之间换算：

百万分浓度(ppm)＝百分浓度(%)×1000000(100 万)

**例**：5%赤霉素是多少 ppm?

**解**：5%＝0.05

0.05×1000000＝50000(ppm)

(3)ppm 怎样换算成倍数?

**方法是**：百分数除以 ppm 数，小数点后移 4 位。

如 2.5%的甲维盐配成 5ppm 施用，用倍数表示为：2.5/5＝0.5，此数的小数点后移 4 位，即为 5000(倍)。

# 附件 9　石硫合剂、波尔多液的制备与使用

**1. 石硫合剂的熬制与使用**

石硫合剂是石灰硫黄合剂的简称，是由生石灰、硫黄加水熬制而成的一种深棕红色透明液体，具有臭鸡蛋气味，呈强碱性，遇酸易分解，主要成分是多硫化钙［$CaS_x$（$x\leqslant 5$）］。

1）石硫合剂的配制比例及方法

配制比例为生石灰∶硫黄∶水＝1∶2∶10。熬制时，首先将石灰化成石灰乳，放入锅中烧热的水中，然后将硫黄粉加水调成糊状，慢慢倒入石灰乳，边倒边搅，边煮边搅。做好水位线记号，并且计时。随时加热水补充蒸发掉的水分，继续煮沸40～60分钟。锅中药液由黄变为红褐色，再由红褐色变为深棕色时出锅。停止前5分钟不再加热水。

2）熬制时应注意的问题

①熬煮时必须用瓦锅或生铁锅，不能用铜锅或铝锅。②原料的好坏直接影响到石硫合剂的质量。原料好才能达到24～28°Bé。原料一定要用农用粉末硫黄粉，颜色黄色，要细，搅拌要彻底；生石灰一定选用新烧制的，要洁白手感轻，块状无杂质。③熬煮时要掌握好火候，如果时间过长往往损失有效成分多硫化钙；过短，同样降低药效。④熬制的关键。熬制时锅要大，要大火猛攻，一气熬成酱油色。

3）石硫合剂原液的稀释方法

在配制要求适宜浓度的石硫合剂时，首先要用波美比重计测定原液浓度，然后根据需要加水稀释到所需浓度。求石硫合剂原液需用量可用下面公式计算：

原液需用量＝所需稀释浓度÷原液浓度×所需稀释药液量。

例如：需用0.5°Bé的石硫合剂药液300千克，原液浓度为25°Bé，需用原液多少？水多少？

原液用量＝0.5÷25×300＝6（千克），相应的需水量＝300－6＝294（千克）。

4）葡萄园石硫合剂的使用

（1）使用方法　①喷雾法。休眠期、绒球期用3°Bé喷雾。②涂干法。休眠期用5°Bé涂刷在树干上。

(2)石硫合剂使用注意事项　①要随配随用，配置石硫合剂的水温应低于30℃，热水会降低药效。气温高于38℃或低于4℃均不能使用。气温高，药效好。气温达到32℃以上时慎用，稀释倍数应加大至1000倍以上。安全使用间隔期为7天。②忌与波尔多液、铜制剂、机械乳油剂、松脂合剂及在碱性条件下易分解的农药混用。与波尔多液前后间隔使用时，必须有充足的间隔期。先喷石硫合剂的，间隔10～15天后才能喷用波尔多液；先喷波尔多液的，则要间隔20天后才可喷用石硫合剂。③配药及施药时应穿戴保护性衣服，喷药后应清洗全身。清洗喷雾器时，勿让废水污染水源。药液溅到皮肤上，可用大量清水冲洗，以防皮肤灼伤。施用石硫合剂后的喷雾器，必须充分洗涤，以免腐蚀损坏。

**2. 波尔多液的配制与使用**

(1)葡萄生产上常用的波尔多液　半量式波尔多液(硫酸铜∶生石灰∶水＝1∶0.5∶100)。按用水量一半溶化硫酸铜，另一半溶化生石灰，待完全溶化后，再将两者同时缓慢倒入备用的容器中，不断搅拌。也可用10%～20%的水溶化生石灰，80%～90%的水溶化硫酸铜，待其充分溶化后，将硫酸铜溶液缓慢倒入石灰乳中，边倒边搅拌即成波尔多液。

(2)宾川地区波尔多液在葡萄树上的运用　根据多年的实践，葡萄生长中后期，用硫酸铜∶生石灰∶水＝1∶0.7∶100倍波尔多液防治霜霉病，在葡萄采收后或者套袋后喷雾，连续喷2～3次，防病保叶效果非常好。霜霉病严重时，可以用硫酸铜∶生石灰∶水＝1∶0.7∶50倍增强效果。

(3)注意事项　①原料硫酸铜与生石灰必须采用高品质的产品才能达到预期效果。②切记，不可将石灰乳倒入硫酸铜溶液中，否则质量不好，效果较差。③现配现用，一次性用足够水配好，不要配好后二次稀释，否则容易分层，影响使用效果；波尔多液须随配随用，不可放置时间太长，24小时后会发生质变，不宜使用。④波尔多液是一种以预防保护为主的杀菌剂，喷药必须均匀细致。必须单独使用，不能与其他农药混配。⑤阴天、有露水时喷药易产生药害，故不宜在阴天或有露水时喷药。⑥喷施过石硫合剂、石油乳剂或松脂合剂的葡萄园，需隔20天到1个月以后，才能使用波尔多液，否则会发生药害。